建設業界DX革命

小柳卓蔵
OYANAGI TAKUZO

幻冬舎MC

建設業界　ＤＸ革命

小柳卓蔵

はじめに

建設業界はきつい・汚い・危険という3K職場のイメージがあり、労働人口の減少が著しい日本のなかでも特に若者の就職希望者が減っています。そのため、高年齢化が進行し、慢性的な人材不足が続いています。

人が足りなければ効率よく業務を進めるほかありませんが、建設業界では今もなお非効率ともいえる〝アナログな職場環境〟から脱却できていないのが現状です。

例えば設計図は印刷して現場に持って行き、伝票類は基本的に紙に手書き、通信手段はFAXを使用するところも少なくありません。

しかし、人手不足で悩む業界において、従来と同じように業務をこなしていては生産性が上がらないことは目に見えています。だからこそアナログな職場に〝メス〟を入れ、省人化・効率化を推し進めなくてはならないのです。

私は、新潟にある中規模建設会社の三男坊として生まれました。家業を継ぐ予定がなかったので、金融会社に入社しましたが、さまざまな事情で父が経営する建設会社に入社し、後継者となりました。

当初は建設業界のことも経営のこともよく分かりませんでしたが、デジタル活用が進んでいた金融業界と比較すると、業務の効率性という点で見劣りする部分が少なくありませんでした。

「このままでは私の会社どころか、業界も先がないかもしれない……」そう思った私は、この会社、ひいては建設業界丸ごとを改革できるように先陣を切ってＩＴ化を進めなければいけないと考えたのです。

ただ、私が改革に取り組もうと思った動機としては、会社と業界の存続のためだけではありません。社員にもっと楽に楽しく働いてほしいという想いも強かったのです。もっといえば「かっこいい働き方」ができるように生まれ変わり、若い人たちにとって魅力のある会社にしたかったのです。そのためには「ただのＩＴ化」では足りないという気持ちをずっと抱えていました。

そんな悶々とした日々のなか、海外視察で出会ったのがマイクロソフト社開発のヘッドマウントディスプレイ「ホロレンズ」です。

ホロレンズは、いわゆるＭＲ（複合現実）技術です。専用のデバイスを頭部に装着することで、目の前に3次元の仮想映像が映し出されます。仮想映像の実体はデジタルデータなので、例えば３次元ＣＡＤで作成した建物や橋などの設計データから作り出すことも可能です。その映像を実寸大から５００分の１スケールまで拡大・縮小することもできます。また計画から完成、アフターメンテナンスに至るまで、建造物がどのように出来上がっていくかを時系列に視覚的に共有することもできるのです。

「ホロレンズを活用すれば、建設業の打ち合わせはいつでもどこからでも可能になる。みんな楽になるし、コスト削減もでき、その分利益が生まれる。給料にも反映できるだろう。なによりも、未来的でかっこいいではないか！」――その衝動に突き動かされるまま、私たちは日本マイクロソフトと共同で、ホロレンズを活用した建設ＤＸシステム「ホロストラクション」の開発をスタートさせました。

２０１６年9月、私は社内で有志を募り、プロジェクトチームを結成しました。もともとＩＴ企業ではない私たちは、さまざまな試行錯誤を繰り返すことになりましたが、２０１９年12月、ついに「ホロストラクション」の完成にこぎ着けました。その結果、どこにでもある地方の建設会社の一つに過ぎなかった私たちの会社は、「建設ＤＸの旗手」として複数のメディアに取り上げられました。若い人が魅力を感じてくれる会社の一つに生まれ変わることができたのです。

このようにＤＸが実現すれば省人化・効率化に寄与するだけではなく、３Ｋといった負のイメージを払拭させ、若者の目を建設業界に向けることもできます。若い労働力を獲得できれば、培われてきた技術やノウハウが継承され、業界の未来は明るくなっていきます。ＤＸ実現に至るまでの軌跡は、一筋縄でいかない苦しい道ではありました。ですが、一方で志をともにする仲間と楽しみながら進めた道でもありました。その道を振り返ることで、志を同じくする経営者に何か一つでも今後発展していくためのヒントが提供できればという想いで本書を執筆しました。

建設業界の変革はもちろん、ＤＸが進まないあらゆる業界に一石でも投じられたなら、それに勝る喜びはありません。

目次

第2章

まったく見えない「会社の数字」。独自の月次決算の導入がDXの基礎となる

第３章

基幹システムのクラウド化へ。ＤＸ革命の第一歩は「昨日までの自分たち」との闘い

第4章

社員が現場に足を運ぶ手間やリスクを軽減したい
――現場のデジタライゼーションこそ、建設業界DX革命が目指す先

第5章

DXはあくまで「目的」ではなく「手段」。ホロストラクションをはじめとしたDX化で建設業務はまだまだ改善できる

プロローグ

私は、家族との新年を迎えながら、正月から詰め所で待機している社員に思いを馳せました。新潟の冬は雪が深く、彼らは除雪のための出動に備えているのです。酒処の新潟で正月だというのにお酒も飲めません。彼らのことを考えると、社長である私もとても正月気分になどなれないのでした。

意外と知られていないと思うのですが、大規模な災害が発生したときに真っ先に出動するのは警察官や消防隊、自衛隊の方々ではなく、実は地元の建設会社です。その理由は、道路や橋、水門、水道、建造物など社会インフラを優先的に状況確認するためです。洪水で水門が決壊した際や橋が壊れた際に応急措置が執れるのは建設会社だけです。そのため多くの建設会社は地方自治体と災害協定を結んで、発災直前には被害防止や軽減活動を行い、発災事後には災害対応や復旧・復興のために出動をすることになっています。

雪が降らない地域の方は分からないかもしれませんが、豪雪地帯では、毎年のように1メートルや2メートルの大雪が当たり前に降ります。それこそ毎年災害級の降雪があるのです。放置しておけば、当然に経済活動すらままならなくなるわけです。

なによりもまず道路の除雪をしなければなりません。民家が倒壊したとしても、道路に雪が積もっていたら、被災者のいるところに行き着くことさえできないからです。そのため、私たち建設企業は、基準値以上の雪が積もれば除雪機械で作業に向かうという災害協定を結んでいます。

これが大変な熟練度を要求される作業だということもあまり知られていません。雪をバケットで押しながら進むのですが、安全確保をしながら、雪をこぼさないように剥ぎ取っていかなければなりません。アスファルトを剥がしてはいけないので、ギリギリ雪を残します。理想は、3ミリメートルほどといわれています。いずれにしてもミリ単位の精度が要求される作業です。しかも雪は固く、カンナで氷を削るようなもので、難易度は高いです。

ミリ単位の精度が求められるのに道路には段差があります。どこに段差があるかを記録しておくことが求められます。ただ作業している社員たちは、毎年のことなので体に染みついています。

こうした作業が可能な熟練者は定年や加齢による持病や体調不良によって、働き手が減っていく一方であり、若い人に技術を伝えなければなりません。しかし建設業界には若い人がなかなか入ってこないため、技術を伝えたくても伝えられないのです。

では、熟練の除雪技術が一般の人たちから尊敬されているかといえば、一概に肯定することは難しいといえます。そもそも除雪にそこまでの技術が必要だと知っている人が少ないわけですから、尊敬の対象にはなりにくいのです。大変な作業だとは思われているかもしれませんが、熟練の技術が必要な作業だとは思われていないはずです。

むしろクレームが悩みの種です。除雪のやり方が悪いとか、ずっと待っているのにまだ来ないとか、そんなクレームをたくさんもらいます。除雪のやり方に不満があると、作業者を捕まえて文句を言う人もいます。対応が悪いと怒りに火を注ぐだけなので、しっかり話を聞きます。そうでなくても時間が押しているのに対応に時間を取られ、今度はなかなか来ないというクレームにつながることになります。

ですが、クレームはまだいいといえます。問題なのは屋根から下ろした雪を道路に積んで、「昨晩降った雪だからどけてくれ」と言ってくる人たちです。敷地内の雪の処理にもマナーがあるものですが、これもまたクレームになります。実際に除雪作業をしていない私が勘弁してほしいと思うのです。現場で作業している社員たちはどんな気持ちか考えると、やる気が失われても仕方ないと思います。

クレームだけではありません。地域によって異なりますが、過酷な作業に対して報酬がいいわけではないのです。しかし作業者はしっかりやってくれているので、安い単価から目一杯の報酬を渡しています。そのため会社としてはほとんど儲かりません。つまり作業者としても、会社としても報われない作業なのです。改善が必要な制度の一つといえるわけです。

「なぜ作業者たちは報われない作業に取り組んでくれているのか。また、会社としても儲からないなら、なぜ頑張って続けるのか」と疑問に感じる方も多いはずです。実際、任意契約だから契約しないという選択肢もあります。「儲からないし、それ以前に人を確保できない」という理由で契約しない建設会社も少なくはありません。

しかし、私は「使命だからやる」としか言いようがないのです。断る選択肢もありますし、実際に不可能であれば断るしかありませんが、私たちの会社には作業できる人たちがいますし、作業するための機械もあります。「我々がやらなければ誰がやる」という使命感で、私たちは除雪作業をしていますし、他の災害対応もしているのです。

きれいごとではありません。使命感のある仕事にはやりがいがあるというのも、私たちが災害対応を続けている大きな理由です。クレームを言う人もいるかもしれません。ですが除雪をすることで、あの家のおじいちゃん・おばあちゃん、この家の夫婦や子どもたちが助かるのだと思うとそれだけでやる気になります。面と向かってお礼は言われなくても、笑顔を見るだけで元気をもらえるのです。また、熟練の技を使いたいという欲求もあります。せっかく身につけた技術は、それを使えると思うだけでワクワクするものです。

そういう人たちに建設業界は支えられています。そして実際に住民の役にも立っています。建設業界もそのなかにいる私たちの会社も必要なのです。受け継いでいかなければなりません。

そのためには、2つのことを同時に成し遂げなければなりません。1つは、建設業を若い人たちが望んで入ってくるような業界にすることです。「お洒落で楽しい業界」にまでイメージを向上していかないと、存続は難しいのです。

もう1つは、熟練作業者に頼らなくても、誰でも作業ができるようにすることです。その手段が技術革新です。実際、他の製造業では熟練工の技術をＡＩに継承することも行われ始めていました。除雪作業でいえば、どこに段差があるかをＡＩに記憶させることで人間よりも精度の高い作業をするようになるかもしれません。除雪機械の自動運転や遠隔操作も可能になるはずです。災害対応だけでなく、本業である建設そのものにも世間があっと驚くような技術革新があったらどんなにいいことか――。

私たちの会社の現状を考えると、どちらも夢のまた夢のように思えてきます。

しかしやり遂げなければ、将来はありません。

「不安に思っていれば、誰かが解決してくれるわけではない。だから思い悩むのはやめよう。やれることから1つずつやっていくしかない。これまでもそうしてきたはずだ。それで少しずつ変わってきたではないか。だったら明日も変えられる」

正月には迷いよりも決意のほうが相応しいと私は思い、今年も困難は多いだろうけれど、なんとか乗り越えていこうと決意を新たにしたのでした。

第1章

気合いだけの営業会議、ずさんな情報管理

——デジタル化が進まない建設業界に愕然

バブルが弾け、茨の道を歩み始めた家業

小柳建設は、1945年11月、太平洋戦争が終わった直後に私の祖父が創業しました。戦後の高度経済成長期を歩んできた会社です。河川や橋、道路、トンネル、建物などの建設事業に従事し、地場の建設会社として社会インフラの整備に貢献してきました。また、本社・本店を構える三条市や加茂市は五十嵐川や加茂川など水に恵まれた地域であることから、大雨や台風が起これば河川の氾濫は免れない地域です。そのため、「浚渫《しゅんせつ》」と呼ばれる河川の底面に堆積した土砂やヘドロを掘削する事業にも取り組んでいました。しかし、浚渫はかなりの重労働を要するうえ、危険な作業にもなるため、なんとか機械化できないかと考えた当時の父は、1986年8月に新潟県で初めて機械化された浚渫工法を取り入れました。これは、土砂やヘドロを水中内で真空吸引し、さらに空気の力でパイプラインで圧送し、圧縮空気により高低差52メートル、距離3・5キロメートルという距離をパイプライン一つで圧送できる優れた工法です。この工法は35年経った今でも受け継がれています。また、同年9月には自社で分譲マンション事業を開始するなど、地元・新潟を愛し、人々の暮らしを豊かにしたいという一心で突き進んでいた人でした。

1989年に二代目社長となった私の父は、チャレンジ精神が旺盛な人で、祖父が始めた建設事業を大きく広げていきました。一般的にバブル景気は、1986年から1991年までといわれていますが、目先の利く人はそれ以前からなんらかの事業を始めていました。父も何か感じるものがあったのか、浚渫や分譲マンションの事業を始めるなど、新潟県内でもやり手の経営者の1人に数えられるようになっていました。

ところが私が小学校3年生のときにバブルが弾けると、父の会社も影響を受け、分譲マンション事業はストップせざるを得ない状況になりました。浚渫工事はそれでもまだ需要はありましたが、それ以外は縮小せざるを得なくなったのです。そうなると、それまで目立っていた分、世間の当たりが厳しくなり、私は学校でいじめられるようになったのです。

「おまえん家《ち》、潰れるんだろう」「早く夜逃げしろよ」

そんな言葉を同級生たちから毎日のように浴びせられました。小学3年生から中学3年生まで、いじめの対象となり、毎日が地獄の日々、孤独な少年期を過ごすことになりました。今思えば、自ら命を絶つような決意をしなかったのが不思議なほどです。

その後、さまざまな回り道をしましたが、22歳のときに法律系の専門学校を出て、金融会社に勤めることになりました。家業は、当然長男が継承するという方向性が取られており、三男坊である私は自分で生活していかなければならないので将来のことをいろいろと考えていました。金融会社では、約5年間働いて、その間には働きながら大学の法学部を卒業するなど、法律を使いながら仕事ができることに喜びを感じていました。その後、企業を助けられる弁護士になりたいと一念発起して、司法試験を目指すことにし、金融会社を退職しました。

自分で抱いた夢に向けて、司法試験合格のために毎日机にかじりつく日々が続いたある日、父から電話がありました。当時の私は金融会社で転勤を繰り返していたこともあり、詳しい住所も教えていませんでしたが、電話番号だけはもしものときのために教えていました。電話の内容は、「後継者の予定であった長男が退職した」ということでした。いつもの勇ましい父の声が、幾分寂しげに聞こえたのを覚えています。すぐに「父を助けたい」という強い思いがこみ上げ、入社を志願したのです。

私は「社内にはきっと後継者候補が育っているはずだ。その人が社長になるまでの中継ぎとして、会社を手伝おう」と思ったのです。2008年8月のことでした。

アナログでの管理が当たり前の環境に愕然

生まれながらに家業を継ぐポジションではなく、まったく違う業界にいたこともあり、私は建設業のことを何一つ知りませんでした。そこで父に、「まず現場の仕事をやらせてください」と頼みました。ところが「現場のことはいいから、社内を見てくれ」と言われたのでした。それで管理部門の一社員として働くことになりました。

管理部門といっても、私たちの会社は組織化が進んでおらず、特に労務部門には給与計算と労務管理をする人が1人だけでした。しかし、父を手伝うと決めた以上、まずはその人の手伝いから始めたのです。

すぐに感じたことは、あまりにもアナログだということでした。前職で約5年間お世話になった金融会社も通常のＩＴの装備は整えてありました。ワークフローはもちろんのこと、必要なデータは社内専用のパソコンで共有されていましたし、セキュリティもしっかりしていました。もちろん、管理も行き届いていて、欲しいデータにすぐにアクセスできるようになっていたのです。

ところが私たちの会社では、すべて紙で管理していたのです。

しかもファイルの閉じ方も合理的ではありません。例えば履歴書だけを閉じたファイルがありました。どう考えても社員1人ごとにファイルを作って、履歴書もそこに閉じたほうが便利なはずです。社員も同じ考えだろうと思ったのですが、そういう発想さえありませんでした。

社内の嫌われ者へ

私は、紙よりもデータ化して管理すべきだろうと思ったのですが、いきなりそんな提案をしても相手にされないだろうと考えました。いろいろと変えたいことはありましたが、まずは仕事を覚えることに専念したのです。

入社して数カ月、1日も早く仕事を身につけようと、熱心にいろいろな書類を調べていたら、不正の証拠らしきものを見つけてしまいました。父にそのことを伝えても「うちの社員がそんなことをするはずがない」とまったく信用してもらえません。そこで、証拠となる書類をすべて集めて、ようやく父に信じてもらうことができました。

私は、社長である父の家族としての信用はあるかもしれないが、育ってくるなかで父に私の仕事の仕方を見てもらったことはありません。仕事においては、むしろ社内にいる従業員の皆さんのほうが、よっぽど信用力が高かったのです。それは当たり前だなと思い、社長からの信頼を受けるためにも入社時に立てた誓いを徹底することを決意するわけです。

私は、入社にあたって２つの誓いを立てていました。

１つは、社内の嫌われ者になるということ、もう１つは、社長である父には絶対服従ということです。

入社以前、父に課題を確認したところ、「嫌われ者になってくれる者がいない」ということを聞いていました。それは、社内の風紀、倫理、ルール違反などに対して注意をするという単純なことをやってくれる役割が社長以外に存在していないということだったのです。嫌われることなら、小学生の頃に十分すぎるほど体験していましたので、嫌われることなど慣れたものです。それも風紀や倫理、ルール違反の注意をするということは正しいことを正しいままに発言して嫌われるなら喜んでその職を引き受けようと思ったのです。こんなところで、人生のなかで茨の道を歩んだことが生きてくるとは思ってもみませんでした。

実際、入社から半年で誰も私に近寄ってこなくなりました。入社してしばらくは、私が社長の息子だということで、社長に言いにくいことを私から言ってもらおうという人が、近寄ってきて、「社長がいろいろなルールを作って困っている」というようなことを言うのです。私はそのことに対して、「課題があるから解決策として仕組みを作るのは当たり前ですよ」、と論破していきました。「あいつに言っても面倒くさいことを言われるだけだ」と社内に広まっていき、そのうち誰も私に近寄らなくなっていったのです。

社長に絶対服従ということにも意味があります。多くのオーナー企業が、会社で家族喧嘩をすることで弱体化していると言われます。親子の骨肉の対決を経て、結局潰れてしまっては社員に言い訳が立ちません。だから私は、家族喧嘩だけは絶対に会社に持ち込まないことに決めたのです。社長には絶対服従、そして無理難題を言われても「かしこまりました」と意向に沿う、ということを徹底しました。実はプライベートでも父に対しては敬語を使っていますし、他人に対しては「父」と呼んでいません。文脈で変わってきますが、基本的には「会長」と呼ぶようにしています。公私混同をしないというより、常に公の関係で接しているのです。自分の父親が上司になるわけですので、〝親子の縁を切る〟というくらいの覚悟を息子側がもって父親に対応し、仕事に臨まなければ親子としての甘えが出て口喧嘩になり、ゆくゆくは骨肉の争いになってしまうのだといえます。

情報が共有されない不完全な組織

当時の会社は何もかもが父の鶴の一声で決まり、業務のやり方に問題があったとしても、父が何か言わないと改善されません。自主的に業務を変えていこうという気運は感じられませんでした。

そもそも父の言うことさえ聞いていればいいのですから、社内の情報共有の仕組みさえありませんでした。営業の進捗情報などは営業部門で共有すべき情報の最たるものですが、それさえも、全部を把握しているのは父だけという有様でした。営業マンが父に口頭で伝えたことが、父の頭のなかで記憶され、更新されていく――父はまるで人間ＳＦＡ（営業支援ツール）でした。

しかし父がすべてを把握できていたわけではありません。営業マン一人ひとりが隠し持っている案件もありましたし、進捗が芳しくないためまったく報告しなかったり、嘘の見込みを報告したりしている案件もありました。

営業だけでなく、経理情報もパソコンの中にしか存在していませんでした。

どんなことでも担当者がいないと情報が見られない……。長期休暇でもされると大変なことになります。

つまり、情報共有がまったくなされていないのです。このことが不正の原因になっていたことはいうまでもありません。ただ不正をするのはごく一部で、みんな悪いことをしたくて情報を隠していたわけではないのです。「自分だけが知っている情報をもつことで、無視できないポジションを確立する――」そういう思考で情報を隠し持っているようでした。

だからみんな情報をサーバーには置かず、自分のパソコンの中にだけ保存し、印刷しても自分の机の中に入れて鍵をかけていました。キャビネットにあるファイルは、ルールで決められたものだけで、そこには必要最小限な情報しか記載されていませんでした。

数字を使わない気合いだけの営業会議

このような有様でしたので、データを分析したり、データで管理したりするという発想もまったくありませんでした。ビッグデータをＡＩで分析して、経営戦略に反映するなどというレベルの話ではありません。目標は、売上、受注、利益の3指標があって、私が社長職になるまで3指標そろって計画達成などしたこともありませんでした。このように目標値は達成しにくく、現場では実行予算管理をしているものの、実績値の信ぴょう性は甚だ低く信用できるようなものではなかったのです。

それでどうやって営業会議をしていたかというと、受注案件数の目標を達成したか否かを発表するだけなのです。そんな形だけの会議だとしても「目標10件で商談数は15件。うち5件受注、1件が承認者の判子待ち、2件が稟議にかかっています。残り3件は担当者と条件を詰めているところ、2件は担当者と会えたところ、2件失注しました」といった報告が会議でなされるのが普通です。

ところが「5件受注できました。あと5件は頑張っているところです」という気持ち・気合いで仕事を取るいわゆる「体育会系のノリ」が支配していたのです。「あれはどうなった?」と父が聞かない限り、個別の報告はなされませんでしたし、されたとしても「今頑張ってます!　7割方、獲れそうです!」といった大雑把な報告がなされていました。そういう案件は、期末が近づくと「もう少しだったのですが、先方が今期の予算が取れなかったということで……」と、いつの間にか失注してしまうのが常でした。営業成績の良い人はまだしも、悪い人は「被告席」で黙って嵐が過ぎ去るのを待つだけです。

私は平成になってから社会人になったので、実際にはそれ以前の会社がどんな気風であったのかを知りません。しかし、少なくとも平成の会社ではない、と思いました。なぜなら、金融会社にいたのは5年程度でしたが、その経験から見ても、時代遅れだと感じざるを得ないことがあり過ぎたからです。高度成長の時代にはそれでも問題なかったのでしょうが、平成も20年にもなっていました。先が思いやられます。

経営会議も似たようなものでした。経営課題に対して役員みんなで話し合って解決するという会議ではなく、社長と誰かが1対1で会話していて、それを周囲の人たちが聞いているというものでした。

私は、経営会議に参加して初めてやっと会社の全体像が見えてきました。それは、当時の私たちの会社は「鍋ぶた」型の組織だということでした。「鍋ぶた」は基本的に平らの板で、真ん中に〝つまみ〟があるという形をしています。それを私たちの会社の人間に例えると、〝つまみ〟が父である社長で、〝平らな板〟には役員だろうと管理職だろうと一般社員だろうと全員同列に並んでいるのです。つまり、社長と1対1である点ではみんな同じなのです。これまで、組織やチームごとの情報共有や業務を回す仕組みすらないと思ってはいましたが、父の頭のなかでトータルマネジメントが行われるため、それらは不必要だったわけです。

建設業に限らず、中小企業は今でも「鍋ぶた型」の組織が多いのかもしれません。営業の数字をグロスで把握し、だいたいの利益も頭に入っている。ときどき答え合わせが必要なので、営業会議や経営会議をして、そこで微修正する——。ある意味超人的ですが、社長が倒れたら会社も終わりです。

建設業には社会的使命があると考えていましたから、「父がいなくなれば継続できないのでは、その使命や責任を果たしているとはいえない」と感じていました。

ずさんな情報管理の実態

営業情報や経理情報など自分だけのものにしておきたい情報は徹底的に隠すのに、そうでない情報の管理はどうでもいいという風潮も昔はありました。

例えば個人情報の入った書類を裏紙として利用していたり、設計図面が放置されっぱなしということもたびたびありました。なかには採用が決まったキャリア人財の給料を他の従業員が聞こえるような声で話す役員もいます。金融会社で働いていた私からするとすべてあり得ないことでした。

嫌われ者を引き受けた私は、そのようなことを見かけたらいちいち注意しましたが、本当に煙たがられました。

幸い情報漏えいによる事故はありませんでしたが、今思い出しても冷や汗が出ることがあります。そのようなこともあって、従業員に相談し、全従業員のセキュリティ意識を高めるにはどうしたらよいかと投げかけたら、従業員の方から、「セキュリティにチカラを入れて意識を高めていくためにも何か指標があったほうが良い」という話をしてくれました。こうして情報セキュリティに関する国際規格を取得することを目標にすることになりました。早期に情報セキュリティに関する認定を受けるプロジェクトを発足し、現在では認定を受け、個人情報保護や機密情報の保持が高いレベルで徹底されています。

問題は社員ではなく業界と会社にある

建設会社の従業員は、社内で働いている「内勤」と工事現場で働いている「現場」の大きく2つに分けられます。

父から内勤を命じられた私は、内勤の人たちが夜遅くまで働いていることに気づきました。

そこで私は「どうしてこんなに遅くまで働いているんですか？」と毎日遅くまで残っている社員に尋ねたところ、「いや。現場も大変なので、内勤の私だけ早く帰るのは申し訳ないので……」と言います。私は「どうせ付き合い残業でもしているのだろう。それならば早く帰っていい」と内心思っていたのですが、彼をよくよく観察していると、実際に忙しいようなのです。

建設業というのは役所とのやり取りが多い業種です。建設そのものの申請も必要ですし、作業車の駐停車などの申請もあります。一日中、市役所や警察署などいろいろな役所を行ったり来たりしています。もちろん役所に提出するための書類を作成する必要もありますし、発注者との打ち合わせもあります。折々で現場を見に行くことや、施工管理の手間もかかるのです。

施工管理は現場代理人が行います。俗に現場監督といわれる人で、品質管理・工程管理・安全管理・原価管理の4大項目を実施します。どれも疎かにすることはできません。要するに職場の安全を守りつつ、スケジュールを遵守しながら高い品質で施工し、なおかつ利益も出すことを求められており、職務範囲の広い業務です。

その人たちがさらに雑務にも追われ、夜遅くまで社内で働いているということなのでした。彼らは口々にお金も欲しいがなによりも休みが欲しいと言います。

真面目に働く人たちがお金以上に休みが欲しいだなんて、ものづくりからどんどんやりがいが失われていくのではないか――。日本全体、いや世界全体にとってもゆゆしき事態であると感じたのです。

「この人たちをもっと楽に、楽しく働ける会社にしなければならない。いや現場代理人だけでなく、全社員がそうなるべきだ」と私は強く思いました。

ただし真面目さの裏には、長時間働くことが美徳という考えもあることにも同時に気がつきました。私自身もそれに影響されかけて、誰よりも遅くまで会社にいないといけないと考えたこともありました。そんなときに思い出したのが、以前勤めていた金融会社のことだったのです。

残業の時間管理は明確にされていて、店舗ごとにまさにチームとして機能していました。休んだ人がいてもチーム全員でカバーし、課題解決もチーム全員で取り組んでいき、全従業員が「今いる会社が好きだ」と言っていた会社です。業種は違いますが、私たちの会社もあの会社を目指したい、近づきたいという目標にしていました。そのような経験から、汗をかき、手間をかけるのが偉いという発想は、私のなかから消えていったのです。

「今の業務が面倒だと思うのであれば、それは業務を遂行する側に問題があるのではなく、仕組みそのものに問題がある」と考えるようになっていたのでした。解決策を考えるのは大変ですし、その策を取り入れると一時的に効率が落ちることもあります。しかし長い目で見れば、テクノロジーや手法を取り入れて問題解決することが会社の発展につながり、持続可能になります。

そこでまずは、内勤の勤務時間を短縮するためにはどうしたらいいかを考えるべきだと思うようになりました。それにはＩＴを活用して、自動化・省力化を進めることが必須です。ただＩＴ化だけを取ってみても、当時の私たちの会社には遠い夢のように感じられたのでした。

父から受け継いだチャレンジ精神を発揮

「チャレンジは失敗を伴うもの。失敗してもそれを振り返って次のチャレンジをすればいい」こういう考え方は、日本には少ないかもしれません。とにかく失敗だけはしたくないという人が日本には多いのではないでしょうか。しかしこれからの時代は、多くのチャレンジをして、失敗を繰り返しても諦めず、最後には大きな成功をつかみ取る会社や人しか生き残れないと感じます。

その点、父はチャレンジャーでした。私はそのＤＮＡを受け継いだというか、子どもの頃に父がチャレンジする姿を見て免疫ができていたというか、とにかくチャレンジするのが当たり前という考え方をもっていました。

バブル景気が始まる直前に、父は立て続けに新規事業を始めました。多くの人が今は好景気だと気づいたのが、１９８７年の秋頃だといわれています。その1年前からいろいろと取り組んでいたわけですから、父はかなり先見の明のある人だったといっていいと思います。バブル崩壊により大きくダメージを受けたときにも、危険と思われる事業をすぐに損切して、傾きかけた船を数年で立て直したその力量もまた、尊敬できるところです。

マンション事業については、九州にローコストマンションで有名な設計事務所があり、そこに一級建築士の社員から半年ほど学びに行ってもらって、事業を開始していきました。１９８０年代後半のローコストマンションの流行の先駆けとなりました。３ＬＤＫで売り出し価格1千万円を切るというのが目標でした。実際には、３ＬＤＫで1千万円代前半で売り出し、新潟といえどもこれは格安で、とにかく売れました。あっという間に、会社の売上は倍増していました。

スイミングスクール事業に関しては、青少年の心身の健康と教育を兼ね備えた事業で社会貢献したいという気持ちで始めた事業でした。ノウハウがないのでフランチャイジーとして始めていき、二店舗を開業、すぐに軌道に乗っていった事業でした。

浚渫工事に関しても、ヘドロを取り除く仕事ですから社会貢献的な気持ちが強かったのだと思います。実は大変な仕事で、最初に導入した機械は1時間稼働すると半日は動かなくなるという代物でした。これを現場で知恵を出しながら改良していったのです。浚渫は今でも主要事業の一つであり、社会貢献という意味でも自社のブランディングという意味でも、よくぞ手掛けられたと感謝する事業なのです。

社長1人で事業が回せる時代はもう終わり

私が入社した2008年頃の会社の状況を振り返ると、小柳建設単体で300人弱の規模の会社でした。私がいた管理部門の人数が全体の約10%です。現場代理人と呼ばれる技術職と現場で作業する技能職が残りのほとんどを占めており、営業マンはわずか3人でした。

売上比率は、土木工事が6～7割、建築が残りの3～4割、スイミングスクール事業が1％程度です。

わずか3人の営業マンで100億円ぐらいの売上がありましたが、これは父が営業マネジャーとして敏腕だったからです。3人の営業マンを手足のように使いこなして、仕事を取ってきていました。ですから営業会議が父の独壇場でも何も問題はなかったのです。外から入ってきた私の目には大きな問題として映っていました。

ですが、その時点では問題ではなかったとしても、将来的には問題になることは明らかでした。世の中はすでに複雑になっており、いくらスーパー敏腕営業マネジャーであったとしても、社長1人で事業が回せる時代はもう終わりなのは明らかでした。

次期社長が誰になるかはこの時点では分かりませんでしたが、社内を見渡しても父を超えるような人材は見当たりませんでした。外部からスカウトするにも、営業力は父以上だったとしても、社内のことを父以上に知っている人はいません。

これからの時代は、すべての業務において属人的な仕事をしていくことはやってはならないことで、仕組み化することで誰でも経営や営業ができるように変えていく必要がありました。

第 2 章

まったく見えない「会社の数字」。独自の月次決算の導入がＤＸの基礎となる

ヒントは稲盛和夫氏の言葉にあり

私は、父である社長の下で働いている以上、経営に携わる職域の人間として、経営を学ばなければならないという強い危機感ともいえる意識をもっていました。

とはいえ、経営をしたことはありません。「経営とはなんぞや？」というところから勉強することが必要でした。ちょうど誰でも経営や営業ができるように仕組み化する方法論を模索していたので、それを見つける意味もあって、経営に関する本を片っ端から読み漁りました。そんなときに出会ったのが、稲盛和夫氏が書かれた『アメーバ経営』だったのです。

恥ずかしながら、京セラという会社は聞いたことがありましたが、創業者である稲盛和夫という名前すら知りませんでした。それぐらい経営について何も知らなかったということです。

まず「アメーバ経営」という言葉が謎でした。アメーバといえば単細胞生物の代表です。それがどう経営と結びつくのだろう……。

読み進めていくうちに、こんなにも精緻な経営数字の見方があるのだと感嘆しました。さらに従業員の心まで理解したうえで、「燃える集団」を作っていく手法にも驚きました。

なんといっても、「全従業員が生きがいや達成感をもって働く」というのは私が目指すところと一致していましたし、「判断基準は人間として何が正しいか」という言葉にも共感しました。

著者紹介を読むと、「若手経営者のための経営塾『盛和塾』の塾長として、後進の育成にも心血を注ぐ」とあります。

なんとか盛和塾に入れないかと、知り合いの地元経営者のツテをたどると参加している人を見つけることができました。面接などを通して、盛和塾への入塾にこぎつけたのでした。

「アメーバ」という独立採算可能な小集団で全員参加型の経営へ

アメーバ経営でいう「アメーバ」とは、社内の小集団組織で、独立採算の単位になります。各アメーバのリーダーは経営者とみなされ、経営計画から実績管理、メンバー育成まですべてを任されます。いわば小さな会社であり、ほかのアメーバからの調達が必要な場合は、社内売買が行われます。営業アメーバに対しては、口銭（手数料）を支払う形になります。また間接部門への経費移動もアメーバ単位で厳密かつ公平に行われます。

稲盛さんは、アメーバ経営の目的を3つ上げています。

①「会社経営の原理原則は、売上を最大にして、経費を最小にしていくことである。この原則を全社にわたって実践していくため、組織を小さなユニットに分けて、市場の動きに即座に対応できるような部門別採算管理をおこなう」

②「必要に応じて全体を小さなユニットに分割し、中小企業の連合体として会社を再結成する。そのユニットの経営をアメーバリーダーに任せることによって、経営者意識をもった人材を育成していく」

③「全従業員が、会社の発展のために力を合わせて経営に参加し、生きがいや達成感をもって働くことができる『全員参加経営』を実現する」

市場の動きに即座に対応できる部門別採算、経営者意識をもった人財、生きがいや達成感のある全員参加経営――どれも私たちの会社にはありません。しかし私には必要と思われることばかりでした。

稲盛さんはこんなことも述べておられます。「アメーバが全て心を合わせてこそ、会社は一丸となれる。時には競争することがあっても、アメーバがお互いに尊重し、助け合わなければ、会社全体としての力を発揮することはできない。そのためには、会社のトップからアメーバの構成員に至るまで、信頼という絆で結ばれていることが前提となる」「アメーバ経営は、小集団独立採算により全員参加経営をおこない、全従業員の力を結集していく経営管理システムである。それには、全従業員がなんの疑いもなく全力で仕事に打ち込める経営理念、経営哲学の存在が必要なのである」（『アメーバ経営』）。

信頼という絆、経営理念、経営哲学……。どれも私たちの会社にはうまく浸透されていないように感じていました。

私たちの会社の実態とは大きくかけ離れているアメーバ経営は導入するにしても、苦労することは明らかでした。

「時間当たり採算表」は建設業では無理？

しかし、アメーバ経営こそが私たちの会社には必要であり、これが導入できなければ未来はないとも思いました。少なくともその当時であれば、父が倒れたら廃業するしかありませんでした。

さらに建設業にはアメーバ経営は向かないという「俗説」もありました。実際、建設業

▶時間当たり採算表

		6月	7月	8月	…
1	受注高				
2	官庁　受注高				
3	民間　受注高				
4	売上高				
5	工事売上高				
6	兼業事業売上高				
7	社内売				
8	社内買				
9	控除額（売上原価）				
10	工事費				
11	材料費				
12	外注費				
13	仮設経費				
14	機械経費				
15	その他経費				
16	兼業事業経費				
17	委託費（外注費）				
18	減価償却費				
19	機械経費				
20	地代家賃費				
21	通信交通費				
22	その他経費				

		6月	7月	8月	…
23	管理経費（部署経費）				
24	減価償却費				
25	機械等経費				
26	地代家賃費				
27	事務用品費				
28	通信交通費				
29	その他管理経費				
30	本社経費（営業・管理）				
31	通信交通費				
32	地代家賃費				
33	減価償却費				
34	その他経費				
35	差引収益				
36	総時間				
37	定時間				
38	残業時間				
39	振替時間				
40	人件費				
41	当月時間当たり				
42	所属人員				
43	営業利益				

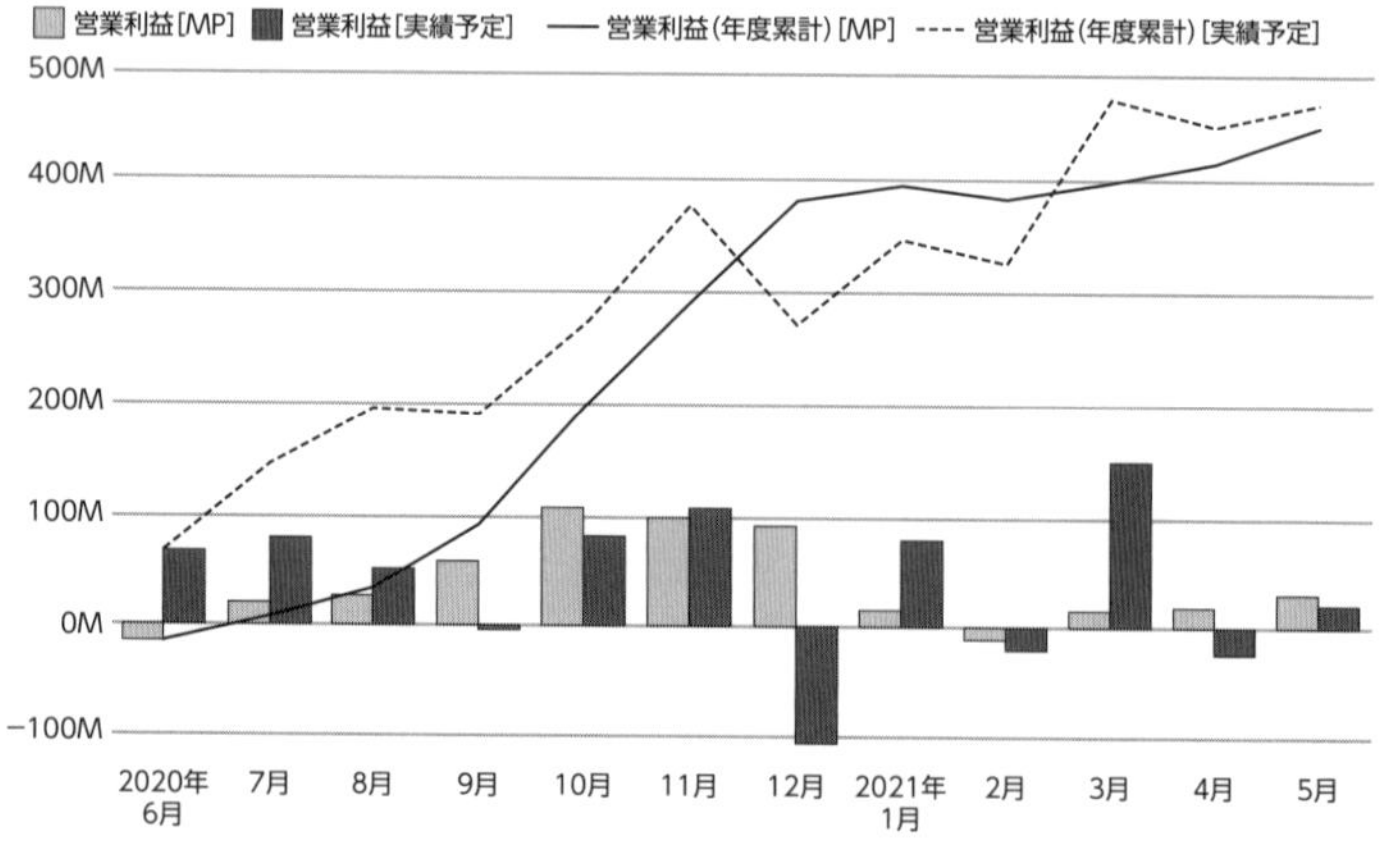

への導入事例は、私が調べた範囲では見当たりませんでした。少なくとも大手ゼネコンで取り入れているところはありません。おそらくですが、アメーバ経営で必須とされる「時間当たり採算表」を建設業で作成するのは困難だというのがその理由だったと思われます。

時間当たり採算表とは、経理のプロではない一般社員が日々「家計簿のように」シンプルに収支状況を捉えることができるようにと稲盛さんが考案した管理帳票です。アメーバリーダーは、月次単位で自分たちの活動計画を時間当たり採算表に書き込み、売上や経費が発生する都度、実績を入力していきます。事業活動の成果は、売上金額から（労務費を除く）経費を差し引いた「付加価値」で記載します。アメーバの総付加価値を総労働時間で割った1時間当たりの付加価値で活動成果を評価するため「時間当たり」採算表と呼んでいます。つまり各アメーバの従業員一人ひとりが1時間当たりどれだけ稼いでいるのかが一目で分かる表が、時間当たり採算表なのです。

稲盛さんは、なんの報告を受けなくとも時間当たり採算表を見れば、アメーバの活動状況や現在抱えている問題点が映像のように次々と浮かぶといいます。私が社長だとしたら、まず欲しいものは時間当たり採算表でした。

しかも京セラでは時間当たり採算表は社員全員に公開され、共有されています。全員参加経営を実現し、経営者意識をもった人財を輩出することがアメーバ経営の目的だからです。完全にガラス張りの経営が実現されることになります。これなら不正などしたくてもできません。

稲盛さんも言うように、人間、不正がしたくてする人はほとんどいません。たいていは魔が差してやってしまうのです。しかし時間当たり採算表による管理を実現し、公開・共有すれば、魔が差したとしても仕組みとして抑止効果が働きます。つまり時間当たり採算表が、私たちの会社にいない「生活指導の教師」の役割まで果たしてくれるということになります。

こんなにすばらしい時間当たり採算表なのに、なぜ建設業は取り入れないのかというと、ご存じのとおり、一般的な建設工事は短くても数カ月、長いものは数年かかります。そのような仕事が中心なのに、時間当たりの実績をリアルタイムに把握することに意味があるようにも思えません。

また実績を付加価値（金額）で管理することも難しいのです。例えば工事のための資材は都度購入するものもありますが、大きな金額のものはまとめて購入します。そうすると、実績をどうやって計算するのがよいか等の疑問が出ます。これは一例で、ほかにも管理するために決めないといけないことが山ほどあります。アメーバの単位一つを取っても、建設業にとって独立採算可能な最小単位とはどのようなものかを考えなければなりません。

要するに「意味のないことのために難しい管理をするようにしか思えない」というのが、建設業でアメーバ経営が流行らない理由だと思われるのです。

しかし意味がないこととは、私には思えなかったのです。

なぜなら父を見ていても感じていたのですが、建設業の経営者は決算書類ベースのグロスでの管理、つまり年度単位で見た会社全体の売上高や利益で判断することに慣れていて、それが普通だと考えています。その理由は、建設工事の工期が長く、案件単位の金額も大きいからです。

しかし別の業界にいた私から見ると、それでは大雑把過ぎて怖いのです。年度末に締めてみないと本当に利益が出ているのか分からないのに、経営ができるとは考えられません。バブル崩壊以前の右肩上がりの成長期であれば、それでもよかったのかもしれません。しかしそんな時代が終わって、もう15年以上経っているわけです。問題があるかどうかを常に把握し、発生すればすぐに解決しなければ手遅れになることもあるはずです。

経営者にも、飛行機の操縦士と同じく、コックピットが必要な時代になったということなのです。速度、高度、気圧、風速、燃料の残量など飛行機を安全に動かすために必要な数値と同じく、経営も安全に行うために必要な数値があります。売上の進捗率、日々発生している経費、生産高の累積などがそうです。そして飛行機の操縦のためには、複数の数値をリアルタイムに把握しなければならないのと同じく、経営でもリアルタイムの把握が必要です。

しかも把握しているだけではダメなのです。問題が発生したらすぐに手を打たなければなりません。そのためには機動性と柔軟性が高い組織であることが必要です。それがアメーバです。

私には、アメーバ経営はあらゆる業界に求められている経営手法だと感じました。建設業だけが例外であるはずはありません。

建設業の経常利益率が低いことも、アメーバ経営に魅力を感じた理由でした。平均でだいたい5％で、私たちの会社はそれを若干下回っていました。しかし稲盛さんは「どんな業界でも経常利益率10％は出せるはず」と言います。あまりにも明確な数値目標に、私は感動すら覚えました。

こうなったら、できない理由ばかり考えていても仕方ありません。
「とにかくやってみよう。やってみてどうしても適用できないのなら諦めよう。しかしそんなことはないはずだ。正しい手法なら必ず取り入れることができるはずだ……」私は暗中模索していました。

アメーバ経営の導入を父である社長も認める

アメーバ経営を取り入れたいと私は考えましたが、当時の社長は父です。経営のスタイルを変えるわけですから社長に相談しなければ始まりません。そこで私は、盛和塾に入塾したこともあり、「稲盛和夫氏のアメーバ経営というすばらしい経営方式を知ったので、私たちの会社にも導入したいと思うのですがいかがでしょうか」と、アメーバ経営について熱く語りながら、父にお願いしてみました。

父の経営のやり方とはかけ離れています。難色を示されても仕方ないという気持ちもありました。しかし父の答えは、「経営哲学や経営理念は、経営に携わるうえで最も重要なことだ。私は稲盛さんの考えに共感する。経営者意識をもった人財を育成することも必要だと思うし、もっと高い利益率を目指すことも重要だ。世の中の役に立ち、社員も幸せにしようと思えば、利益を出すことは大切なのだ。やってみろ」というものでした。父のなかにも、経営会議で役員が出してくる数字はあまり信用できないという問題意識があったのか、すんなりと賛成してくれました。

私たちの会社の決算は5月末です。毎月の経営会議で発表される利益見込みが、3月、4月になってくるとガクンと落ちるということが毎年恒例だったのです。理由を突き詰めてもよく分かりません。父も本当は怖かったはずです。

ただ稲盛さんは、ドキッとすることも書かれていました。「ただの経営ノウハウであれば方法や手順さえ学べばよいが、アメーバ経営はやり方だけ真似してみても、うまく機能しない」

本を読んで分かったつもりで導入してみても、それでは失敗すると思った私は、いっそう、盛和塾での学びを深化させることを考えたのです。

盛和塾に参加して分かったアメーバ経営の実態

盛和塾には、稲盛さんが出席する塾長例会と、各地の支部が自主的に運営する自主例会があります。私は自主例会に参加する傍ら、塾長例会にも毎回参加していました。

入塾して分かったことは、盛和塾には稲盛さんのファンはたくさんいても、稲盛哲学を実践している人はほとんどいないということでした。盛和塾は、若手経営者のための経営塾として始められたのですが、2019年に閉塾となりました。そのときには国内56塾、海外48塾、塾生数約1万5000人だったということです。当時、すでに年配の経営者がたくさんいました。入塾してすぐに年配塾生の方々が、稲盛さんのすごさ、アメーバ経営のすごさ、フィロソフィの大切さなどを滔々と語ってくるのですが、逆に「では、アメーバ経営やフィロソフィの導入を皆さんしているのですね」と聞き返すと、多くの塾生たちは「いや、私たちはまだそのレベルじゃないので……」などと言って口を濁してしまうのです。

参考にならないので、自分なりにでもまずはアメーバ経営を実践しみたら、逆にアメーバ経営をやっている変わった人扱いされるようになり、誰からも〝お説教〟をされることはなくなりました。
ここで勘違いしてほしくないので、〝アメーバ経営がすべて〟ということではないことを申し添えます。なぜなら、経営において大切なことは〝理念〟です。どのような経営をし、どのような姿になりたいかということが重要なのです。その姿になるために手段としてDXを使う選択肢があるにすぎません。

今、DXの実現が、あらゆる日本企業の命題となっています。DXとは、IT技術を浸透させることで、人々の生活をより良いものへと変革させるという概念のことです。つまり、人が判断してきた事柄を、ある程度は「デジタルに任せてしまおう」という取り組みのことです。しかし、新しいものへのアレルギー体質をまず直さないと、DXの推進は難しいと私は考えています。今のところ、一部の優秀な企業にとどまっている感がありま す。そうなっている理由は、このアレルギーの治療がなかなか難しいからです。アレルギーの治療に効果的なものが、経営方針や理念、Visionというものを明確にもつことだと考えています。アレルギーの根本原因は、理念や方針が浸透していないことにあると強く思っています。

稲盛さんと直接話して気づいた〝フィロソフィ〟の重要性

このような経営者がほとんどだったのですが、私のいた自主例会では唯一の実践者として、ある有名な製菓会社社長がいました。稲盛哲学を取り入れ、アメーバ経営を自社向けにアレンジして、事業をＶ字回復しただけでなく、さらに拡大した人です。正直、盛和塾に入塾して、実践もせず口だけの人ばかりを見て、「入塾は失敗だったかな」と感じていたのですが、このように〝実践〟つまり、やることを明確にやって成果を出している人がいるのなら、もう少し勉強させてもらおうと思ったのでした。

実際、私はモヤモヤしながら盛和塾に参加していました。そんな折、金沢で塾長例会がありました。集合場所から会場のホテルまで何台かのバスで行くのですが、たまたま同じバスに稲盛さんがいらしたのです。「こんな機会はなかなかないぞ」と製菓会社の社長が背中を押してくれたこともあって、図々しくも隣の席に行き、稲盛さんに話しかけたのでした。

「アメーバ経営を自社で本気で実践したいと思っています。幹部教育をどうしたらいいか教えてください」と私は尋ねました。

すると稲盛さんは、「おまえの会社には、フィロソフィはあるのか?」と尋ね返されました。「ありません」と答えると、「話にならん」と稲盛さんは吐き捨てるように言いました。このたった一言ですべてを悟った気がしました。アメーバ経営の実践にはやはり経営哲学や経営理念が最も重要なのだなと教わったのです。同時に、哲学をもち、その意志を実践し、成果を出し続けてきた人の説得力の大きさを感じたのです。

祖父の社是と京セラの経営理念を元に

私たちの会社にはフィロソフィがないと思い込んでいた私は、これらを一から作るつもりでした。ただ実際には私が作るにしても、当時の社長は父でしたから、父の名前で出すのが筋というものです。そこで父に「会社の経営哲学や理念をまとめようと思うのですが」と相談しにいったところ、社是なら創業者が作ってくれたものがあるといいます。「我らは社会資本充実のため、建設業を通じて地域社会の発展に貢献し、社業の繁栄を図るとともに社内の福祉の増進につとめ、誇りをもって会社を後世に伝えるものとする」という言葉でした。創業者の想いがここに詰まっており、当時としてはかなり珍しいともいえることかもしれませんが、「社内の福祉の増進につとめ」という言葉が入っていることに驚きました。つまり、従業員の働く環境、福利厚生部分を厚くしようという「従業員の幸福」という考え方をもっていたことに感動を覚えたほどです。

地域社会のために、社業を繁栄させ、従業員の幸福に努め、誇りをもって次世代に会社をつないでいこうという内容が、まさに京セラ経営理念「全従業員の物心両面の幸福を追求すると同時に、人類、社会の進歩発展に貢献する」、つまり師である稲盛和夫氏と同じ考え方をもっていたことも嬉しかったのです。

こうした想いは父にも受け継がれ、社会のために自然環境のために浚渫工事を、低所得者でも一国一城の主になれるようローコストマンションを、そして次世代を担う子供たちの育成のためにスイミングスクール事業を起こしていくことになった原動力なのだと改めて気づかされたのです。そして今、私自身も建設業界の変革のために、そして、従業員ひいては建設業界で働く人たちを楽にしたいという想いにもつながっているのでした。

私たちの会社の経営理念を策定するにあたり、文言としてはどうしても京セラ経営理念で謳われている言葉以上のものが浮かばなかったこと、そして父である二代目の社長が最も好きだった言葉の一つが「進化」であったことをベースに、創業者である祖父が作った社是を経営理念に置き換え、文言を修正し、現代語訳するような形で、創り上げました。そして出来上がった経営理念は「事業を通じて人類社会の進化発展に貢献すると同時に、全従業員とその家族の物心両面の幸福を追求し、誇りをもって会社を後世に伝えるものとする」としたのです。

同時に社是として「義を見てせざるは、勇なきなり」としました。これについては、父の信条でもあり、「正しいを正しいままに行う」という文言を歴史的な言葉で引用して作らせていただきました。

これらの経営理念、社是を決定してからというもの、私たちの会社の判断基準は明確となり、この通りに経営を進めてきたと胸を張って言うことができます。従業員全員と言ってもいい人たちが、この理念に理解、共感を示してくれています。

フィロソフィ作りは、きれいな言葉を並べればいいというものではありません。一つひとつの言葉について説明を求められたら、疑念なく納得のいく説明ができるところまで腹に落とし込む必要があります。それ以前にできるだけ説明をしないで済む明確な言葉にすることが大切です。深い理解と、その理解を人に伝えられる言語能力の両方が必要です。

▶経営哲学手帳

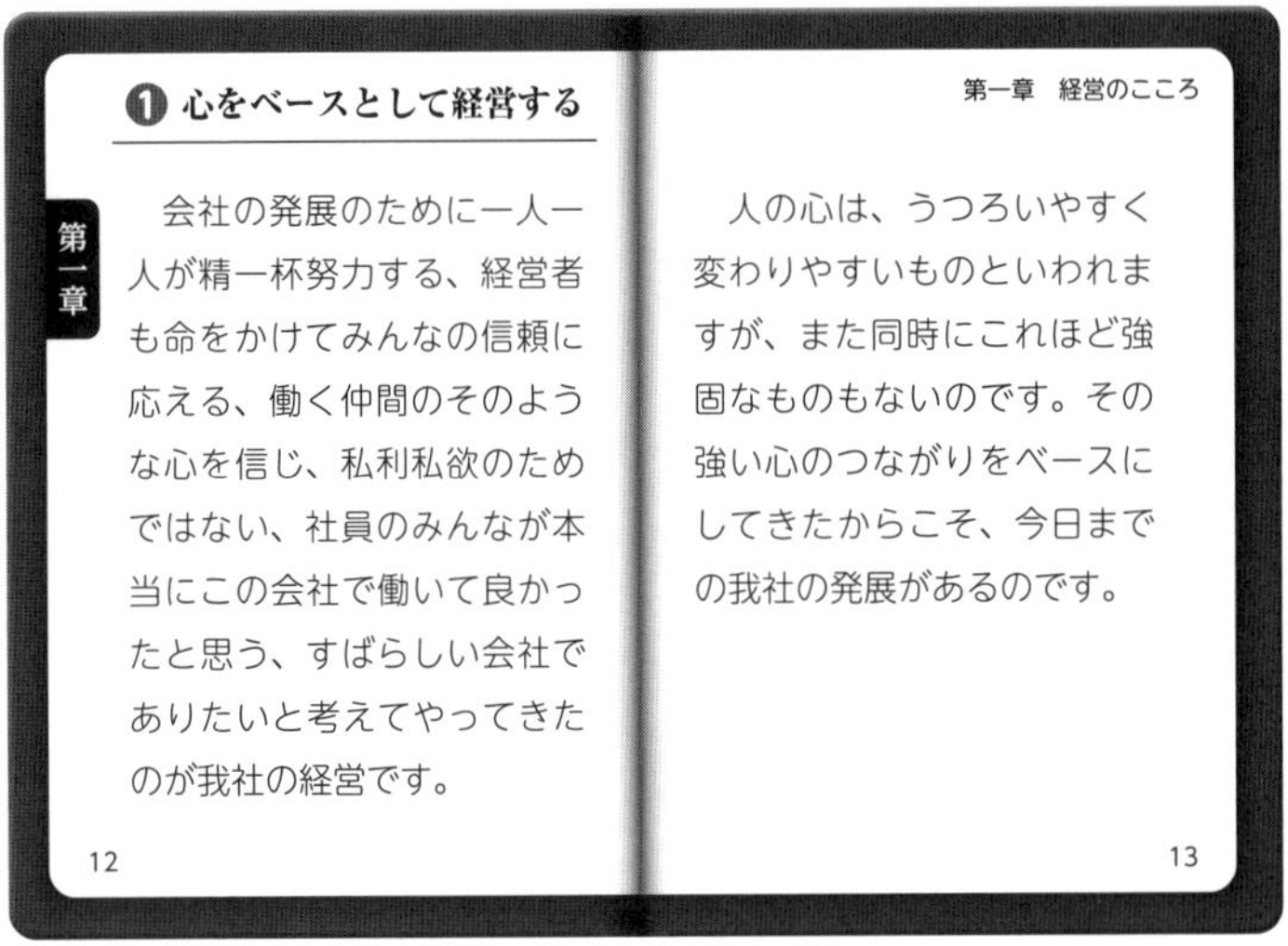

❶ 心をベースとして経営する

第一章

会社の発展のために一人一人が精一杯努力する、経営者も命をかけてみんなの信頼に応える、働く仲間のそのような心を信じ、私利私欲のためではない、社員のみんなが本当にこの会社で働いて良かったと思う、すばらしい会社でありたいと考えてやってきたのが我社の経営です。

12

第一章　経営のこころ

人の心は、うつろいやすく変わりやすいものといわれますが、また同時にこれほど強固なものもないのです。その強い心のつながりをベースにしてきたからこそ、今日までの我社の発展があるのです。

13

こうして出来上がったのが、社是・経営理念・社員理念・使命感（ミッション）・重点方針・経営十二ヶ条・六つの精進と、全四章１１３項目の心がけおよび行動指針をまとめた「経営哲学手帳」です。

例えば社員理念は、「信義を重んじ、礼節をもって、プロの道を歩む」です。

１１３項目については、何番目かを表す数字とタイトルおよびその説明で構成されています。上の図で１つだけ紹介します。

こうしたフィロソフィを、「経営哲学手帳」という名の１冊の黒革の手帳にまとめて、２０１３年5月25日に父の名で発行しました。発刊の辞には「経営哲学は、作っただけでは意味がありません。学んだだけでも意味がありません。実行してこそ、価値があるものです」という思いを込めました。

ここまでまとめるのに1年半近い時間がかかりましたが、これを作ったおかげで私たちの会社の今があるといっても過言ではありません。あのとき「話にならんわ」と突き放してくださった稲盛さんに心から感謝しています。

アメーバ経営で出来高の概念を決め、会社は利益体質に

フィロソフィを作りつつ、基本どおりに導入していったところ私たちの会社でもアメーバ経営は少しずつ定着していきました。

具体的な導入の手順・考え方でいうと、まずはマスタープランの設定です。売上や利益などの経営目標を具体的な数字で設定し、それを年間の数字に落とし込んでいきます。

その後、会社組織をアメーバに分解し、それぞれの時間当たり採算表を作成します。このときに重要なことは、各アメーバの営みがどのように相互作用して、最終的な売上に

つながっていくかをしっかり把握することです。それをしないと、社内売買の値付けや営業口銭（手数料）の料率、間接部門への配賦《はいふ》などを決めることができません。その際に、現場部門も営業部門も間接部門も、それぞれの仕事の価値は同じだという意識を徹底させることが必要になります。この意識がないと、「稼いでいるのは、我々現場部門なのに……」、「仕事を取ってきてるのは俺たち営業だろう?」といった意味のない主張がぶつかり合ったり、それが元となって不公平感が生まれてきたりします。

組織作りと並行して、出来高の概念を決めていかなければなりません。建設業にアメーバ経営を導入することが難しいといわれる大きな理由の一つに、出来高をどう決めたらいいかが難しいということもあります。

ある年の1月に着工し、12月に終了する予定の予算1億2千万円の工事があるとして、5月末時点でどれだけの出来高になっているのかというと、単純に12で割って、1カ月当たり1千万円とし、5月末には5千万円とする考え方もあります。しかしこれでは大雑把過ぎてアメーバ経営はできません。

出来高とは本来、製造（建設業なら施工）に必要な資材を例えると、そのうち全体のどれだけが使われたかということを意味します。この意味での出来高をできるだけリアルタイムに管理できないと、現時点での売上や利益を可視化するというアメーバ経営の目的を果たすことはできません。

鉄筋を何本使ったかといったことをリアルタイムに把握する必要がありますし、使う都度、現場から出来高を管理する部門に報告を上げることになります。

出来高が分かるということは、それによる進捗管理ができるということにほかなりません。したがって工事が遅れている部門（アメーバ）から虚偽の報告が上がる可能性もあります。したがって報告時にはなんらかのエビデンスが必要であり、出来高管理部門はそのエビデンスを調べなければなりません。

出来高と工事進行基準がどう違うのか疑問に思う人もいるかもしれません。工事進行基準とは財務会計上の基準で、原価の予算に対する執行率です。出来高と一見似ていますが、工事用の資材というのは、工期の初めのほうで一気に買い付けるのが普通です。予算としてはそこで使ってしまっているので、工事進行基準としては計上されます。しかし何も作られていないうちは、その資材は使われていないので出来高にはなりません。

アメーバ経営を導入することによって、出来高といった管理会計上の概念が社員全員に理解され、その結果予算計画や進捗管理に対するリテラシーも一気に底上げされました。

それまでは、工事が進んでいるのか遅れているのかあまりよく分からないまま納期が近づくと辻褄合《つじつま》わせをしていたのが、遅れをリアルタイムに把握して早めに手が打てるようになりました。納期直前の辻褄合わせには、大きなコストがかかるため、リアルタイムの進捗管理ができると、会社は利益体質になれるのです。

「例外を認めないルール」の適用でアメーバ経営導入を貫く

とはいえ今までとはまったく違う管理方式を現場に導入することになります。当然、現場部門からは抵抗がありました。社員一人ひとりに対する十分な説明と意識付けが必要なことは言うまでもありません。

しかし実際に始めると、昔のままがいいという人が必ず出てきます。どこの会社でもそのような人のほうが最初は多いと思いました。私たちの会社もそうでした。慣れるまでは今までどおりのやり方でやりたいという人が多数いました。

こういうときに大事なのは、もはや説得ではありません。事前の意識付けをしっかり行ったという前提ではありますが、一切妥協せず、例外を認めずにルールを適用することです。私たちの会社では、工事の実行予算を作り、そのとおりに進んでいるかを出来高で管理するというルールにしました。そのための教育・研修もしっかり行いました。そしてもちろんのことですが、こういうルールで今後進めるということを、経営会議で父に承認してもらいました。

それなのにどんぶり勘定でやりたいという人が出てくるのです。しかし私は、そのような人の実行着手は一切認めませんでした。相手が何を言おうが、「あなた、研修のときには出来高管理はすばらしいと言ってたではないですか？」「ルールはルールです。例外はありません」と押し切りました。

着手だけではありません。工事にいくつかのマイルストーンを設定し、それまでに必要な報告をしていない工事はすべて止めたのです。

私たちの会社の出来高管理部門は経営管理部という部門でした。それを彼らがいちいち静めることになります。会社の憎まれ役になろうと決めていた私にとってはたいした話ではないのですが、経営管理の彼らにとっては大変な心労だったと思います。

現場代理人が怒っているのは、もちろん工事を進めたい一心からのことですので、会社側と利害が相反するわけではありません。アメーバ経営推進側も工事が遅れていいことなど一つもないのです。そういった説明から始まり、「しかしルールはルールですから、出すものを早く出しちゃいましょうよ。私たちも手伝いますから」といって、一緒に報告書作りをするのです。

現場代理人がさじを投げてしまったら、困るのは推進側なので、適宜タイミングを見てフィロソフィ教育を行ったり、人事考課で報いたり、細かい出来高管理をすれば実際に給料も良くなるということを実感してもらったりと、あらゆる方策を練りました。

こうした経営管理の努力のおかげで、アメーバ経営は着実に私たちの会社に浸透していったのです。

効果が出れば抵抗していた社員でも考えが変わる

60代前半の元部長がいました。彼も最初はかなり強力なアメーバ経営抵抗派でした。それでも推進派としては、無理矢理にでもルールを守ってもらうしかありません。元部長にも徹底してもらっているうちに実際に現場がうまく回り始めました。「余計な仕事を増やしやがって」と思っていた元部長も、むしろ残業が減り、工事も目に見えて進む様に驚いたようです。

すっかり協力的になった元部長に話を聞きました。「以前は、遅れそうだといっても状況がよく把握できていなかったので、打つ手がなかった。責任だけ重大で、ものすごいプレッシャーと孤独感で一杯だった。最初は面倒だと思ったけど、今はやってみたら決まったルールと手順で報告すればいいだけだから、気がずいぶんと楽になった」

要するに自分が部門長だったときの悩みが、アメーバ経営の実践で全部解消し、これはすばらしいと一気に協力的になったということだったのです。

また進捗がしっかり見えていることと利益が確保できる見通しが立っていることで、日々の仕事に余裕が生まれます。そうすると品質にも良い影響が出てきます。また進捗が可視化されたことで進捗管理が精密になり、短い工期の仕事などにも柔軟に対応できるようになってきます。

会社全体がこのようになるには数年かかりましたが、良くなるときは目に見えてよくなります。推進派としては間違っていなかったことが分かり、また、最初は抵抗していた人たちも言うことを聞いてよかったという結論となりました。つまり、アメーバ経営の導入は会社全体にとって正解だったといえます。

不要な役職を廃止しながら、次世代のリーダーを育成する

アメーバ経営を導入する前は、部や課の数より多くの部長や課長がいました。終身雇用・年功序列でありながら、中小企業や長期間成長がない会社ではありがちな光景だと思います。業績が拡大しないと部や課は増えませんが、終身雇用なのでベテラン社員だけはどんどん増えていきます。年功序列の原則があるので、彼らをなんらかの役職につける必要があります。こうして部下のいない部長や課長が増えてしまうわけです。アメーバ経営には、役職だけあっても意味がないので、意味のない役職は廃止することにしました。

その代わり1つの部をいくつかのアメーバに分割し、それぞれにリーダーを任命して、チームの採算を管理させることにしました。もちろん時間当たり採算表を導入し、月単位で計画を立て、実績をリアルタイムに記入・報告してもらいます。数字はアメーバ内での共有はもちろん、全社に公開されます。

アメーバ内では数字を共有するだけではなく、その数字を良くしていくためにアメーバ内の全員が話し合い、知恵を出し合います。当然数字の意味が分かっている必要がありますし、数字を良くするためのアイデアを出すには経営的な視点が必要です。アメーバ経営

には全社員が参加することになるので、全社員の経営リテラシーと経営視点が養われることになります。

　また不正などしたいと思っても、全員が数字を見ていますので抜け道がありません。アメーバ全体で不正をしようということなら話は別ですが、魔が差しての不正などはとてもできることではありません。また出来高報告についてはエビデンスが必要ですから、アメーバ全体で不正をするというのもまず不可能です。

　不正よりもむしろ応援や助け合いが発生するのがアメーバ経営の良いところです。アメーバ経営の3大目的の一つは、「全従業員が、会社の発展のために力を合わせて経営に参加し、生きがいや達成感をもって働くことができる『全員参加経営』を実現する」ことでした。これには、フィロソフィの浸透が大原則となりますが、アメーバ内の経営状態がはっきりと可視化されることで、誰が困っているかが一目瞭然になります。一方でまだ余裕がある人も分かりますので、余裕のある人が困っている人の手助けをしようというモチベーションが出てくるのです。アメーバ内だけでなく、全社的に公開するのにも同じ意味があり、余裕のあるアメーバが、困っているアメーバを助けようという気持ちが湧いてきます。一方で健全な競争心も湧いてきますので、良い意味でアメーバ同士が競い合う気運も生まれてきます。

また、数字がすべてガラス張りになっているわけですから、冷静に見れば、評価されているアメーバや部門がなぜ評価されているのかが明確になります。評価する側も、自分の好き嫌いなどの感情的根拠で評価することが不可能になります。裏表や嘘偽りのない評価が実現されることで、信頼関係は堅固なものとなります。

導入して明らかになった、アメーバ経営とＤＸの親和性

私たちがアメーバ経営を導入した当時は、ＤＸ（デジタルトランスフォーメーション）という言葉は一般的ではありませんでした。今では「建設業界のＤＸにおけるトップランナー」とメディアで紹介されることもある私たちの会社ですが、その頃はＩＴシステムさえ満足とはいえない会社だったのです。それがクラウドをベースとしたＩＴ化という大企業にも少ない先進的なシステムを実現できました。さらにその先のＤＸにも成功しました。こうした成果は、元はといえばアメーバ経営を導入したから達成できたことだといえます。

ＩＴ化（クラウド化）やＤＸ推進を目的として、アメーバ経営を導入したわけではありません。結果的にアメーバ経営とこれらの親和性が高かったのです。そもそもＩＴ化もＤＸ推進もそれ自体を目的としたことはありません。アメーバ経営を続けていたら、自然とＩＴ化を進める必要が出てきて、その後ＤＸにも自然に取り組んでいただけのことだったのです。

アメーバ経営をしていなくてもＤＸ推進に成功している会社はありますから、アメーバ経営が必須ということではありません。アメーバ経営のなかに、ＤＸ推進の成功要因となり得る本質的な要素があるということです。

ＤＸの成功事例や失敗事例から考えると、次の３つの要素がＤＸの成功要因だと思われます。それはチャレンジできる風土、部門間で矛盾しないＫＰＩ（重要業績評価指標）、公平な人事制度です。

アメーバ経営では、数字がガラス張りになることで最終的に成果が出ます。すると健全な競争心が刺激され、さらに数字を良くしたいという欲求が出てきます。どうしてそれで数字が良くなるのかという納得できる説明さえできれば、発案者が新入社員であろうとその活動は奨励されます。結果として、チャレンジできる風土が出来上がります。

またＤＸが失敗する会社にありがちなこととして、部門間でＫＰＩが矛盾することが挙げられます。たくさんの店舗をもち、倉庫管理も自社でやっている会社がデジタルを活用した業務改革（すなわちＤＸ）を実現することになったとします。その際に店舗部門のＫＰＩは店舗在庫の最小化で、倉庫部門のＫＰＩは運送費の最小化だったとしたら、問題が発生するはずなのです。

例えば、店舗在庫を最小化するためには、日に何度もの配送が必要となります。しかし運送費を最小化するためには、配送経路の改善で削減できる部分もありますが、それ以上にできるだけ配送回数を減らすことが重要です。このようなＫＰＩの立て方では利害が対立することで店舗部門と倉庫部門にいがみ合いが発生します。そうなると業務改革は進みません。どちらかの部門が不利になることになり、その部門が改革に非協力的になるからです。

その点、アメーバ経営は常に全社最適を求めて協力し合うことが前提になりますから、このような対立するＫＰＩにはなり得ません。

私たちの会社では、ＫＰＩはシンプルにというのを心がけています。会社全体のＫＰＩとしては、営業利益一本にしています。売上が下がっても、営業利益さえ達成していれば、それで良いという考え方です。

売上でなく利益にしたのは、利益をベースとした話をする社員が多く、馴染みが良かったことがあります。その点、利益であれば、コストカットや業務のやり方を見直すなど、工夫次第で改善する余地が出てきます。時間当たり採算表があると、改善すべき項目が明確になるため、現実的な工夫ができます。

さらに失敗要因として大きいのは人事の問題です。特に評価制度に不公平感があるとＤＸは進みません。直前に挙げたようなＫＰＩで店舗部門の言い分が勝利し、倉庫部門の配送回数がむしろ増えてしまったとしましょう。店舗部門は在庫の最小化を達成し、その結果利益も出たので査定が高く、賞与もたくさん出ました。一方倉庫部門はＫＰＩを達成するどころかむしろ運送費が増えて、会社全体としては利益が出たにもかかわらず、賞与が減らされてしまいました。倉庫部門の人からは当然不満の声が出るでしょうし、このような評価の仕方をする会社に対しての不信感も募ります。人事の不公平感は、会社をバラバラにしかねない恐ろしいものだといえます。

公平な人事制度こそが革命の大前提

そこで私たちは、京セラの人事制度を参考にしながら、私たちが考える公平な人事制度を確立することにしました。

年配の人になるほど、新人が知らないことがあると「なんで、そんなことも知らないんだ」と怒る傾向がありました。自分たちもそうやってたたき上げで育てられてきたのだ、という言い分はあろうかと思います。しかし今は昔と違って、職業選択の幅が広がったにもかかわらず、若い人の人口が減っています。そのような「育て方」ではせっかく入社してくれたとしても残ってくれる人はいません。しっかり面倒を見て、育てていくことが求められているのです。もちろん若い人を甘やかせばいいということではありません。給料や賞与をもらえる基準を明確にして、何をどう頑張ればいいのかを示さないと、頑張りようがないといいたいのです。

今どき人事制度もない会社は、若い人にとって不安だろうという考えもあり、アメーバ経営の導入開始から数年経った２０１２年から人事制度の導入に着手したのですが、これがアメーバ経営の導入よりも苦労したのでした。

部下を育成するといっても、部下との面談のやり方を知っている人がいません。部下の側も面談されたことがないので、何を求めたらいいのかさえ分かりません。そんな状態から、苦しみながら、迷いながら少しずつ整備していったのです。

特に悩んだのは、不要な役職をなくす際に、役職がなくなった人への手当をどうするかでした。結局ステージという概念（職務等級制度に近い考え方）を取り入れて、ステージ別に給料を決めるというやり方にしたのですが、今までは役職が等級の役割を果たしていたこともあり、給与は変わらないにもかかわらず、役職がつかないことに抵抗のある古参社員も多く大変な思いをしました。

ステージごとの基本的な条件が明確にあり、ステージについては入学方式で、既存ステージにおいて、ある一定の仕事ができるようになったときに、次のステージのことに足を掛けて上る準備をしていきます。次ステージのことがある程度できそうな評価となったときに、ステージアップが認められていきます。評価においては、会社で定めたキャリアアップシートに期間中の目標とアクションプランを上司と相談したうえで社員が自分で書き込み、期末に上司が面談して評価します。

定性的な評価項目であっても評価の仕方が抽象的だったり主観的だったりしてはいけま

せん。統一した客観的な見解で評価できるようになるまで何度も試行錯誤しました。

また、たまたまできたことを評価してはいけません。成果を出すまでのアクションプランがあって、その、アクションプランの実行により成果を出している人が評価されるようにすることが大切です。そのためのアクションプランであり、結果が出せるようなアクションプランが作れるように上司は指導する必要があります。上司は上司でそのようなアクションプラン作りを支援できているかで評価されるわけです。

しかし全員参加型のアメーバ経営がここでも役に立ちました。評価する側の上司が集まって、評価の仕方を調整する会議を設けました。これで上司それぞれが1人で悩まずに済むようになりました。そして、指導のやり方や評価のレベル感を擦り合わせることで、徐々に上司としてのレベルアップがなされていきました。

こうした積み重ねで、人事部のみによる人事制度ではなく、現場の考えが反映された実践的かつ公平な人事制度を生み出すことができました。そしてこのことが図らずも、のちに全社一丸となってＤＸに邁進《まいしん》するための原動力となったのです。

第3章

基幹システムのクラウド化へ。DX革命の第一歩は「昨日までの自分たち」との闘い

父が体調を崩し、社長を継ぐことを決意

2013年は、アメーバ経営も軌道に乗り、時間をかけて作り上げてきたフィロソフィを「経営哲学手帳」にまとめて全社員に発表した年でした。その年の暮れに、父が脳梗塞で入院したのです。幸い症状は軽かったのですが、年明けにもまた体調を崩しました。不安もあったようで、とても弱々しく見えたのを覚えています。

そして2014年2月の終わり頃に父に呼ばれて、「社長は、お前がやれ」と言われたのでした。

私は真剣に悩みました。そもそも社長になろうと思って、入社したわけではありません。父の片腕として一緒にさまざまな施策を練ってはきましたが、正直、建設業界の将来性には不安がありました。

建設業の必要性については理解していました。しかし若い人たちに不人気な業種であることは否めません。いくら必要な事業でも、担う人たちがいなければ成り立たないのは明らかです。

「自分は建設業界で育ったわけではなく、まして技術屋でもなく現場も知らない、完全な

る門外漢。建設業界そのものも、働く人たちは変化を嫌い、働き方もアナログで全産業のなかでもＩＴ化の遅れは顕著、高齢化の進んだ業界で若者にも不人気という、将来性をも不安になる業界で今後のビジネスが成り立つのだろうか……」

そんなときに思い出したのが、創業者である祖父が社是にした「我らは社会資本充実のため、建設業を通じて地域社会の発展に貢献し、社業の繁栄を図るとともに社内の福祉の増進につとめ、誇りを持って会社を後世に伝えるものとする」という言葉でした。

「地域社会に貢献すること、全従業員を幸福にして、会社を後世に伝えること、その会社で働いていながら途中で投げ出すのか」と祖父に言嗤《わら》われた気がしました。

「経営哲学手帳」に書いた「小柳建設グループ使命感」も胸に刺さりました。

「地域を愛し、地域と共に歩み、地域の繁栄に奉仕し、広く社会に貢献すべく超一流の信用を軸とし世界的な視野でパイオニアとしての道を拓く」

この文言を再度確認した私は「父が懸命に守ってきた私たちの会社であるが、今後どのように社会貢献できるか。変化できない建設業がこのＩＴの時代に……建設技術とＩＴ。ん？　建設技術×ＩＴ……逆にこれを建設業界全体ができない、やってないということは、我々が建設×ＩＴということを成し遂げられれば、唯一無二の強さになるのではないか。そして、ITを利用してスマートな働き方を実現して若者たちにもかっこいい業界として認識されていく。私たちの会社ができるということが分かれば、業界も変わっていくかもしれない。先にやることでアドバンテージとなり、業界の将来にも貢献でき、ビジネスとして成功するということは従業員とその家族の幸福にもつながり、次世代に誇りをもって伝えていくこともできる。なにより、創業者の理念を最も理解できているのは父の次には私しかいないではないか……」。帆船同士が大砲で戦うレッドオーシャンに、最新鋭のイージス艦で戦いに出るイメージと同時に、使命感が沸き立ってきました。

「私たちの会社を守ろう。そして日本の建設業界を後世に残すための貢献をしよう」

そうはいっても、私は経営者としてもまだまだひよっこで、建設×ITといってもいったい何ができるのかも見当がついていませんでした。

アメーバ経営を導入したからこそ見えた光明

私は、少し頭を冷やして考えてみることにしました。

「この5年間の取り組みで、アメーバ経営を浸透させることができた。経営の状況をリアルタイムに把握し、問題があれば即座に機動的に対応できる体制が整った。これだけでも大きなアドバンテージかもしれない。

だが待てよ。課題解決としてのデジタル化だ。これがまだできていない。アメーバ経営という基盤ができたおかげで経営データが蓄積されるようになったが、まだまだ十分には活用されていない。それができるようになったら、これは他社との大きな差になる。

だがうちは中小企業だ。うちでもやれることなら大企業が本気になって取り組めば、ひとたまりもなく負けるのでは？

いやそんなことはない。大きな会社がこれまでと違った取り組みをするのはとても大変なことだ。うちがアメーバ経営を導入したときのことを思い出せ。３００人規模の会社でさえ、さまざまな突破すべき壁があったのだ。何万人もの社員がいる大企業ならなおさら難しいはずだ。

デジタル化のような、急速に時流に乗っていこうという取り組みは、むしろうちのような規模の会社のほうが有利なはずだ。社員に助けてもらいながら、進めていけば可能だろう。

変化に対応するということであれば、この5年間のアメーバ経営への取り組みがまさにそれだったではないか。経験もあるということだ。改革のノウハウもある」

ようやく光明が見え、私は年度替わりの6月から社長として私たちの会社を引っ張っていくことを決意しました。

こうやって決心に至るまでの筋道をまとめると、すぐに結論が出たように見えるかもしれませんが、実際には3カ月間、堂々巡りを繰り返しながら出したのでした。

既存の業務システムではもうデジタル化に対応できない

当時、私たちの会社の業務システムは、1989年に登場した古いタイプのグループウェアで構築されていました。グループウェアとは、スケジュールやタスクを共有したり、コミュニケーションを支援したりするシステムのことで、要するにメールやカレンダー、会議室予約などの機能をもち、それで情報共有をするツールです。

そのグループウェアは独自の簡易言語でアプリケーションを簡単に作れるということで人気でした。しかし長年の間に、データベースが増え過ぎてしまって、どこに何のデータがあるかが分からなくなり、下手にいじると動かなくなってしまうようになりました。新しい機能を追加したり、不具合を修正したりすることが困難な状態になっていたのです。

そこでもっとシンプルな設計思想のグループウェアに載せ替えることにしました。採用したのは、国産でサポートが良く、使いやすさに定評のある製品でした。ただ私たちはアメーバ経営に対応したシステムを構築したいと考えていたので、もう少し柔軟性や拡張性のあるプラットフォームを必要としていました。したがってこのグループウェアは、新しいプラットフォームを構築するまでのつなぎとして採用することにしたのでした。

「社員をもっと楽にする」——基幹システムのフルクラウド化にチャレンジ

管理システムはオンプレミス（自社で用意したシステム環境）のサーバーに導入しました。そのサーバーの保守切れのタイミングが２０１６年10月だったので、次のシステム環境をどうするかという問題が浮上してきました。具体的な論点は、このままオンプレミスで行くのか、クラウド化するのかです。システムのチームから提言があり、クラウド化の議論ができるようになったのです。

オンプレミスの場合、災害時にデータセンターがダメージを受けると業務が停止してしまう可能性があります。建設業の多くは、災害発生時には緊急対応するという契約を自治体と結んでいます。私たちの会社もそうでした。したがって災害時に業務が停止してしまうというのは本来問題があります。実際その危険性もありました。

私が真っ先に思い出す災害が、「平成16年7月新潟・福島豪雨」です。２００4年7月12日夜から、新潟県中越地方や福島県会津地方で非常に激しい雨が降りました。その結果13日には、信濃川水系の川の堤防が11カ所にわたって決壊し、広範囲で浸水被害が発生したのです。避難所となった施設までもが浸水して、避難者が孤立するという事態にまで被害が拡大しました。私たちの会社がある三条市でも、五十嵐川の左岸側に集中し、三条市内だけでも9名もの死亡者を出した大規模災害に見舞われ、後に「7・13水害」と呼ばれることになる水害です。同様の水害が２０１１年7月26日から30日にかけて発生していま す。こちらも「7・29水害」と呼ばれ、ともに地元でも歴史的大災害として記憶されています。このときも五十嵐川の堤防が決壊しました。私たちの会社のある地域は、水害のリスクが高いのです。

幸い私たちの会社は無事でしたが、これらの水害による床上浸水でサーバーが流され、データをすべて失った会社もありました。しかしオンプレミスでのサーバー管理を続ける限り、私たちの会社がそうならない保証はありません。

私たちの地域だけではなく、日本中で災害が激甚《げきじん》化するなか、ＢＣＰ（事業継続計画）の策定が一種のブームになっています。どの業界であっても、また地方自治体のような公共機関においてもＢＣＰは重要になりつつありますが、建設業にとっては命綱といっても過言ではありません。

災害対策のためにシステムを二重化したり、予備の系統だけクラウドに用意したりする方法が一般的です。しかしお金もかかるし、システムの切り替えなどの運用も面倒です。それならば全部クラウド化し、ＢＣＰもクラウドで提供されるソリューションを活用したほうが良いと考えました。

クラウド化を考えた理由はもう1つありました。私は入社当時から、「社員がもっと楽に」を実現したいと考えてきました。社長になったからには、さらに強く推し進めたいと思ったのです。そのためにはいつでもどこでも働ける環境を提供することが一つの解決策になります。建設業はもともとオフィス外の現場で働く人が多いため、リモートワークが求められる業界です。リモートワークとクラウドの相性が良いことは分かっていました。

「今後は現場だけではなく、内勤の人たちも必要に応じてリモートワークができる環境を作りたい……」

そう考えると、クラウド化は必然です。

経営という観点からも、オンプレミスは本当にいいのだろうかと考えました。私たちのようなIT企業でもない会社が、自社にサーバーを置いて、その運用・保守をして意味があるのだろうか。新設・増設・更改が必要になるたびに頭を悩ます必要があるのだろうか。私の答えは、NOでした。

一番の問題はコストです。クラウドは従量制だから安くなると考える人もいますが、使い過ぎると所有するより高くなります。またサーバーをもたなくても、クラウド特有の運用管理が必要であり、そのためのコスト（ツールの費用や人件費）もかかります。つまり一概に安くなるとはいえないのです。

オンプレミスとクラウドのコスト比較をするのはけっこう難しいといわれているのですが、そこでアメーバ経営の時間当たり採算表の考え方が役に立ちました。すでに5年も取り組んでいたので、時間当たりのコストの計算はお手のものになっており、クラウドのほうが時間当たりコストが安いとすぐに試算できました。これで決まりです。

2015年夏から、基幹システムをすべてクラウド上に載せ替える具体的な段取りを検討し始めました。私たちだけでは無理でしたし、運用も委託したいと考えたので、新潟県に本社のあるシステム会社に提案を依頼し、２０１５年11月に採用しました。そして２０１６年９月、オンプレミスのサーバーの保守切れ直前に、無事基幹システムのフルクラウド化を完了しました。

この短期間でのフルクラウド化は、おそらく大企業では困難です。私たちの会社ぐらいの規模だからこそ、短期間で達成できたのだと思います。

採用したクラウドは、マイクロソフトのAzureです。Azureにした理由は、システム会社がAzureでのフルマネージドサービスを提案してきたこと、Windowsを使っていたこと、およびOffice 365（現Microsoft 365）を使いたかったということだったのですが、この選択がのちのＤＸ推進に大きな影響をもたらすことになったのでした。

ＩＳＯ 27000の取得が功を奏す

クラウド化するにあたって議論になったのは、情報セキュリティの問題です。今でこ

▶フルクラウド化された小柳建設基幹システムの構成

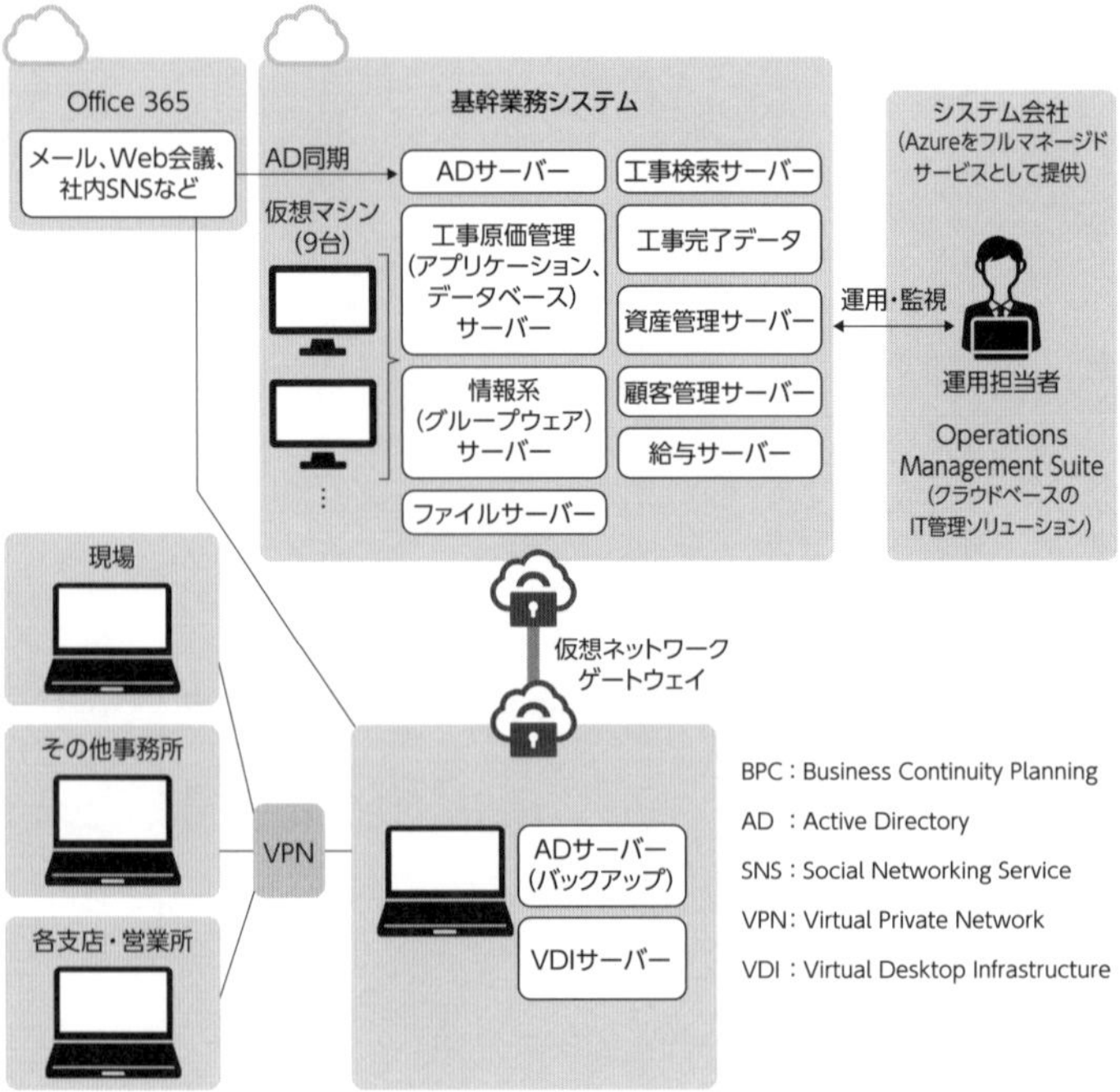

そ、クラウドのセキュリティレベルは一般的な会社のオンプレミスより基本的に高いことが常識になりつつあります。しかし2015年当時は、「クラウドはみんなでコンピューターを共有して使うのだろう? セキュリティは大丈夫なのか?」と言う人が大勢いました。

ましてや、私たちの会社にはセキュリティ意識の低い人が大勢いました。そのような会社がクラウド上に基幹システムを構築していると聞いたら、大丈夫だろうかと思われるに決まっています。

しかし幸いなことに、情報セキュリティのリテラシーに関しては、すでに改善されていたのでした。

製造業に携わる人であれば、品質保証に関する規格であるＩＳＯ ９０００シリーズや環境マネジメントに関する認証規格であるＩＳＯ １４０００シリーズをご存じでしょうし、多くの企業で認証取得されていると思います。建設業も同様で、私たちの会社もＩＳＯ ９００１とＩＳＯ １４００１を取得しています。

ＩＳＯには情報セキュリティ管理に関する規格もあります。ＩＳＯ ２７０００です。情報産業や通信業、あるいは金融業では認証取得が欠かせない規格といえます。私が以前いた会社も金融業でしたので、当然のように取得していました。

認証規格はＩＳＯ ２７００１と呼ばれるもので、これに示されている要求事項に準じたマネジメントシステムを構築することで認証を受けることができるようになっています。他の認証規格と同様に、ＩＳＯ ２７００１では組織的な取り組みが求められます。これは、一部の社員が勉強したら認証されるというようなものではなく、原則として全社員が周知し、徹底していなければ認証されないということです。

つまりＩＳＯ　２７００１の取得を目指すということは、全社員の情報セキュリティに対する意識を高めることと同義なのです。また認証取得されれば社外からの信頼も高まります。そう考えた私たちは、ＩＳＯ　２７００１の取得に２０１２年から取り組み、２０１３年には認証を受けられたのでした。

社内ポータルからすべてのシステムにアクセス可能に

基幹システムがフルクラウド化されたことにより、アプリケーションが全面的にＷｅｂ化しました。社員がパソコンを利用する際には、まず社内ポータル画面にログインすることになります。社内ポータルはSharePointというマイクロソフトのコラボレーションツールがベースになっており、そこからMicrosoft 365や各種アプリケーションを利用することができるようになっています。つまり社内ポータルという統一された入口があり、そこからすべてのシステムにアクセスできるようになったということで、今までバラバラで分かりにくかった社内システムが統合されたのです。

コンテンツに関しても、あらゆるファイルがSharePointという共通のプラットフォームに集約されたことで、ユーザーの利便性が増したとともに、情報の透明性も大いに高まりました。以前のように、自分だけが知り得る秘密の情報をもつことはできなくなったのです。もちろん社員やその他の従業員（パートタイマーやアルバイト、外注先の常駐者など）の個人情報、営業機密情報などアクセスできる人を制限しなければならないデータも存在します。こういうものに対する保護はもちろんしたうえで、情報の存在自体を隠したり、嘘の情報を記録したりすることをできなくしたのです。

また、アメーバ経営のための機能としては、各アメーバの採算状況をリアルタイムに見られるようにしました。これは経営者だけでなく、全社員が全アメーバの状況を見ることができるのです。Power BIというデータを分析しレポーティングしてくれるツールを利用して、各アメーバの予定と実績の差異をグラフで見られるようにしました。全員のＰＣから見ることもできますし、社屋にある大型サイネージにも表示されるようになっています。アメーバ経営がガラス張りであることを、システムでも体現したのです。

ＢＣＰと「社員をもっと楽に」を念頭に置いた現場情報共有システムを開発

クラウド化の目的として、そもそもサーバー保守といった意味のない業務を廃止する、災害対応などの必要性からＢＣＰを実現する、「社員がもっと楽に」を実現するためにリモートワークと相性の良いプラットフォームにすることなどを挙げました。

ＢＣＰと「社員をもっと楽に」の両方の実現に寄与するシステムとして、現場情報共有システムAll-sighteを作りました。

All-sighteは大きく、Ｗｅｂで提供する管理画面と、現場にいるユーザーが利用するスマートフォンのアプリ画面に分かれています。平常時は点検業務に使われます。現場ユーザーは点検場所に向かい、そこで写真を撮影して、必要があればコメントをつけて送るだけです。場所や時刻等は自動的に付与されます。災害時には、災害対応が必要な場所で同じことをするだけです。管理者はいずれの場合も、Ｗｅｂの管理画面で地図をモニターするだけです。何か情報が入ってくれば、地図上にその旨が表示されますので、クリックして確認し、必要であれば指示をメッセージとして送るだけです。

▶現場情報共有システム「All-sighte（オールサイト）」

All-sighte
MAP
リスト
簡単操作で分かり易い
All-Sighte
All-sighte（オールサイト）とは、現場状況（写真、動画、GPS位置情報、コメント）の報告と共有がスマートフォンを用いて行える、クラウドサービスです。
»»特許取得済み技術
システム概要
スマートフォンアプリ
（iOS,Android）
クラウドサーバ
Web管理
作業員A
共有
作業員B
作業員C
状況報告
状況報告
状況報告
プロジェクト1
現場情報
プロジェクト2
現場情報
一元管理
一元管理
プロジェクト1
管理者
プロジェクト2
管理者
・スマートフォンアプリで送信した情報は、プロジェクト単位（工事や地域など）ごとにクラウドサーバに蓄積されます。
・蓄積された情報は同一プロジェクトの作業員間で共有できると共に、Web管理画面にて一元管理できます。
・現場で撮影した写真または動画および、入力した状況コメントに加えGPS位置情報、送信者名、送信日時を自動付加します。
・現場情報の報告・共有機能の他、参集通知機能やメッセージ機能などコミュニケーション機能を内包しています。

1日1カ所しか行かないのであればたいしたことはありませんが、1日に何カ所も行くような点検作業や災害対応において、報告のたびに現在地点を確認したり、時刻を打ち込んだりするのはけっこう面倒です。All-sighteがあれば、そのような面倒から解放されます。

なによりも重要なことは、All-sighteがAzure上のサーバーで稼働しているということです。そのため私たちの会社が存在する地域で災害があっても、All-sighteが停止することはありません。

All-sighteはＩＣＴの先駆的な活用と認められ、国土交通省の優良事例（ＩＣＴ技術の導入）として紹介されています。また新潟県にもAll-sighteを開発した技術力が認められ、新潟県の防災対応アプリ開発に技術協力させてもらっています。

業務改善に終わりはない――

アプリケーションを含めた基幹システムのすべてが２０１９年にリリースされたと述べましたが、もちろんそれで完成したわけではありません。機能や操作性については、現場の要望を随時取り入れながら、日々改善を続けていますし、新しい事業やサービスに取り組む際には、そのためのシステムを追加していく必要もあります。

ただ闇雲に機能拡張していけばよいというわけではありません。それでは前の体制へ逆戻りしてしまいます。仕組みとルールをしっかり築いたうえで、その上に新しい機能を乗せていったり、ルールに従った改善をしていくことが肝要なのです。

ＩＳＯ９０００や１４０００の認証を受けたのはいいが、その後継続的な改善が実施されていない企業が多いと聞きます。２７０００も同じですが、ＩＳＯの認証規格には継続的改善が盛り込まれていることがほとんどです。それなのに認証取得自体が目的となってしまっている企業が数多いのが現状なのだと思います。正直にいえば、私たちの会社も放っておくとそうなりがちです。日々気を引き締めて、ＩＳＯの継続的改善という精神を忘れないようにする必要があります。業務改善に終わりはありません。

仕組みとルールをしっかり築くことは、属人化の廃止につながります。属人化の廃止とは、その人でないとできない仕事をなくすというのが本来の意味です。逆の見方をすると、失敗やトラブルがあったときに、誰かのせいにすることをなくすということでもあります。何かあったときに「あいつが悪い」「二度と失敗しないようにしろ！」で終わってしまう組織が多いのですが、これでは再発防止になりません。

「人のせいではなく、仕組みに問題がある」という考え方をすることが大切です。人間は失敗するものです。まずはできるだけ失敗しない環境を用意することが肝心です。そのためには、しっかり守れば失敗が防げるようなルール作りもその環境の一つです。それでも失敗した場合にはそれがすぐに発見できて、被害が限定的な範囲にとどめられるようにすることが必要です。失敗のリカバリ手順を明確にしておき、可能であれば自動的にリカバリされるようにすることも重要です。

こうしたルール作り、仕組み作りをし、失敗があればまたルールや仕組みを見直していくことが再発防止の本質です。

効率化や機能改善についても同様です。ルールや仕組みを確立したうえで、まだ効率化が不足していることに気づいたとします。その際には、ルールや仕組みを見直したうえで、効率化や機能改善のためのシステム改修をする、といった手順を踏むことになります。

ルール変更の手続きとして、「是正報告書」を提出することになっています。なんらかの失敗やルール違反をすると、一般の会社では「始末書」を書かせることで反省を促しますが、うちの会社では始末書は無意味と考えます。ルールを破った反省よりも、なぜルールが破られてしまったか、どうすれば破られないルールになるかを考えて、ルール自体を見直すことが必要だと考えるのです。これによりルールはより良いものにブラッシュアップされ、ルールを守ることが効率化につながるという好循環を生むようになります。

人ではなく、ルールや仕組みに問題があるという考え方の良い点はもう1つあります。それは改善につながらない「温情指導」がなくなるということです。ミスは人のせいだというこことになると、温情的な上司であれば部下をかばいたくなるはずです。場合によってはミスを隠すことさえあります。部下が失敗したときに「俺がなんとかしてやる」というのは、一見かっこいいですし、その部下も救われる気がするのですが、みんなのためになりません。またどこかで同じ失敗が繰り返される可能性があるからです。

失敗はみんなで共有して、再発防止に努めることが、結局みんなのためになるのです。そのためには、失敗を人のせいにしない文化を作ることがまず必要だということなのです。

功労者に一歩引いてもらうことも必要

基幹システムのフルクラウド化において、いくつか課題はありましたが、基盤の移行という意味では順調に完了しました。しかしその基盤の上で動くアプリケーションの刷新については、実は難航しました。

業務アプリケーションを構築する際には、ユーザーにヒアリングをしながら要件定義をするということが普通行われています。ユーザーに聞く目的は、業務の内容を知ることです。もちろん業務の内容が分からなければ業務システムを作ることはできません。だからユーザーへのヒアリングは必要なステップだといえます。

問題は、今までの業務をそのままシステム化しようと考える人が多いということです。その理由は多くのユーザーが業務変更を望まないからです。業務の手順が変わると、ユーザーは学び直しになります。一時的に業務効率が落ちることもあり得ます。長い目で見れば楽になると言っても聞く耳をもつ人はあまりいません。そして、ベテランになるほど保守的になる傾向があります。

そもそも業務自体が不要ということもあり得るのですが、それでも長年その業務を続けてきた人は固執しやすくなるかもしれません。業務そのものでもこのようになりがちですから、機能となるとなおさらです。一つひとつを見ていくと要らない機能ですが、それを外そうとしたら、「いや、使うことがあるかもしれない」と抵抗する人が必ず出てきます。それほど誰もが現状を維持したい気持ちが強いのです。

全社最適を考えずに、部門ごとに必要な機能を作ってきた会社は、必ず壁にぶち当たります。つぎはぎだらけで、部門ごとのサブシステム同士がまるで連携しないからです。

このようなシステムでは理想的な経営は困難だと判断し、基幹系の刷新を図ることを決意したとき、プロジェクトマネジャーに任命したベテラン社員に「アメーバ経営のプラットフォームとなるようなシステムにしてほしい」と申し伝えました。ところがその社員は、従来のシステムで実現していた機能をベンダーに依頼しただけでした。これではアメーバ経営のプラットフォームを作るどころか、以前と何も変わりません。

私はこの状況にかなり経ってから気づき、軌道修正したのですが、時すでに遅し……。フルクラウド化は２０１６年９月に完了しましたが、肝心の業務システムの刷新は、２０１７年に再設計を開始し、当初予定していたすべてがリリースされたのは２０１９年になってからでした。この失敗は、私としては悔いの残るものです。

最初にプロジェクトマネジャーを担当してもらった人は、父が社長のときに力を尽くしてくれたうちの１人でした。私としても功労者の方々を敵にしたくはありません。できるだけ立てながら、いろいろとお願いをしてきました。会長も、自分が可愛がってきた部下たちがないがしろにされるのを見て面白いわけはありません。時に重要な役割をお願いすることも必要だと思いました。それで基幹システム刷新のプロジェクトマネジャーをお願いしたのですが、うまく進まない結果となってしまいました。

これはもちろんその人に遠慮して、しっかり状況を把握していなかった私に責任があります。「大丈夫ですか?」と再三声掛けはしましたが、その都度「大丈夫」という返事だったので、信じることにしていたのです。

そのプロジェクトマネジャーは、ベンダーとの間で費用の話で揉めていたこともありました。その後を総務部情報システム課がフォローしてくれました。彼らに申し訳ないという気持ちもあり、私はとうとう決心することにしたのです。

功労者の方々に頭を下げて、「社長の代も替わったことだし、若い人たちに役員の座を譲ってもらえないでしょうか。いろいろ失敗もすると思うので指導的役割として、相談役や顧問という立場で残っていただき、横からご指導・ご支援を賜れないでしょうか」とお願いしたのです。

２０１９年６月のことでした。この結果、役員の人数10名、平均年齢が60歳だったのが、一気に人数３名、41歳まで若返ったのでした。

社内のフルクラウド化だけでは不十分

紆余曲折の果て、当初予定より遅れ、ようやく２０１９年に出揃った基幹システムでしたが、その後全社で統合され、共有された情報をフルに活用しています。

これによって時間当たり採算表の数字の精度および入力のスピードが向上し、ほぼリアルタイム経営といっていい状態になってきました。また時間当たり採算表のデータはPower BIで即座に分析・レポート化されるため、問題が生じたときやさらに業績を向上させたいときにスピーディーに次の一手が打てるようになりました。

またExcelやPowerPoint、Wordなどからも、簡単にデータを参照したり、簡単な集計をしたり、あるいはグラフ化したりできるので、提案書や企画書などの質が向上し、作成時間も短縮されるようになりました。

これらのデータやドキュメントは、本社のミーティングスペースでも、またリモートワーク用のＰＣやモバイル機器からも参照・修正などができるので、場所を選ばずに、またわざわざ紙に印刷しなくても、すぐに打ち合わせに使用できます。

あらゆるアクションが速く・簡単に・どこでも行えるようになりました。基幹システム刷新の結果、「社員がもっと楽に」をほとんど達成できたと評価してよいと考えています。このプロジェクト自体は、成功でした。

しかし私のなかでは、効率化が達成されたというだけのことであり、私たちの会社、そして建設業を未来に残すためにはこれだけでは不足でした。このことは私が社長になり、基幹システムの刷新を始めた頃、つまり2014年からずっと感じていたのです。

アメーバ経営の導入と基幹システムのフルクラウド化でベースはできたのですが、そのうえでさらにもう1つ画期的な変革が必要だ――しかしそれはなかなか見えてきませんでした。

2016年の夏に突如、それが私の目の前に現れました。そこから一気に、私たちの会社はDX(当時、この言葉は一般的ではありませんでしたが)に向けて舵を切ったのです。

第４章

社員が現場に足を運ぶ手間やリスクを軽減したい

――現場のデジタライゼーションこそ、建設業界ＤＸ革命が目指す先

日本上陸前のテクノロジーに共感

２０１６年。基幹システムのフルクラウド化が完了する直前のことです。私は、クラウド化を委託したシステム会社の社長と、クラウドでどんな夢が可能になるかを語り合い、意気投合していました。

このシステム会社は新潟発のシステムインテグレーターで、マイクロソフト認定パートナーです。

先進的なチャレンジをとにかく数多くしていきたいという私の言葉に、システム会社社長はうなずきながら、「だったら一度先進地に出かけて、本場の最先端技術をその目で見たらどうですか」と勧めてくれたのです。

２０１６年初夏、その約束が現実のものとなり、海外視察が実現しました。このときに出会ったのが、日本上陸前のマイクロソフトホロレンズだったのです。

ホロレンズとＭＲとは

ホロレンズとは、コードレスのＭＲ（Mixed Reality）ヘッドセットです。ＭＲは、日本語に訳すと「複合現実」となります。同じような言葉に、ＶＲ（Virtual Reality、仮想現実）とＡＲ（Augmented Reality、拡張現実）があります。これらを総称してｘＲといいます。

ＶＲは、ゲームや仮想体験などで使われる技術です。専用のヘッドセットやゴーグルを被ると、自分自身があたかもそこにある仮想の世界に存在するかのように感じられます。しかし、自分自身が仮想空間を動き回ることはできません。

ＡＲはスマホ画面やヘッドマウントディスプレイ越しに見えている現実空間の中に、仮想の物体を重ね合わせる技術です。

ＭＲは、現実空間の中に仮想の３次元物体（ホログラム）を表示させる技術です。ＡＲに映る仮想の物体が平面的であるのに対して、ＭＲは立体的であり、倒したり、回したり、裏返したりすることできます。見ている人がその周囲を動き回ることもできます。

このようにｘＲ技術には、現時点では以上の３つがあるのですが、その区別は徐々に曖

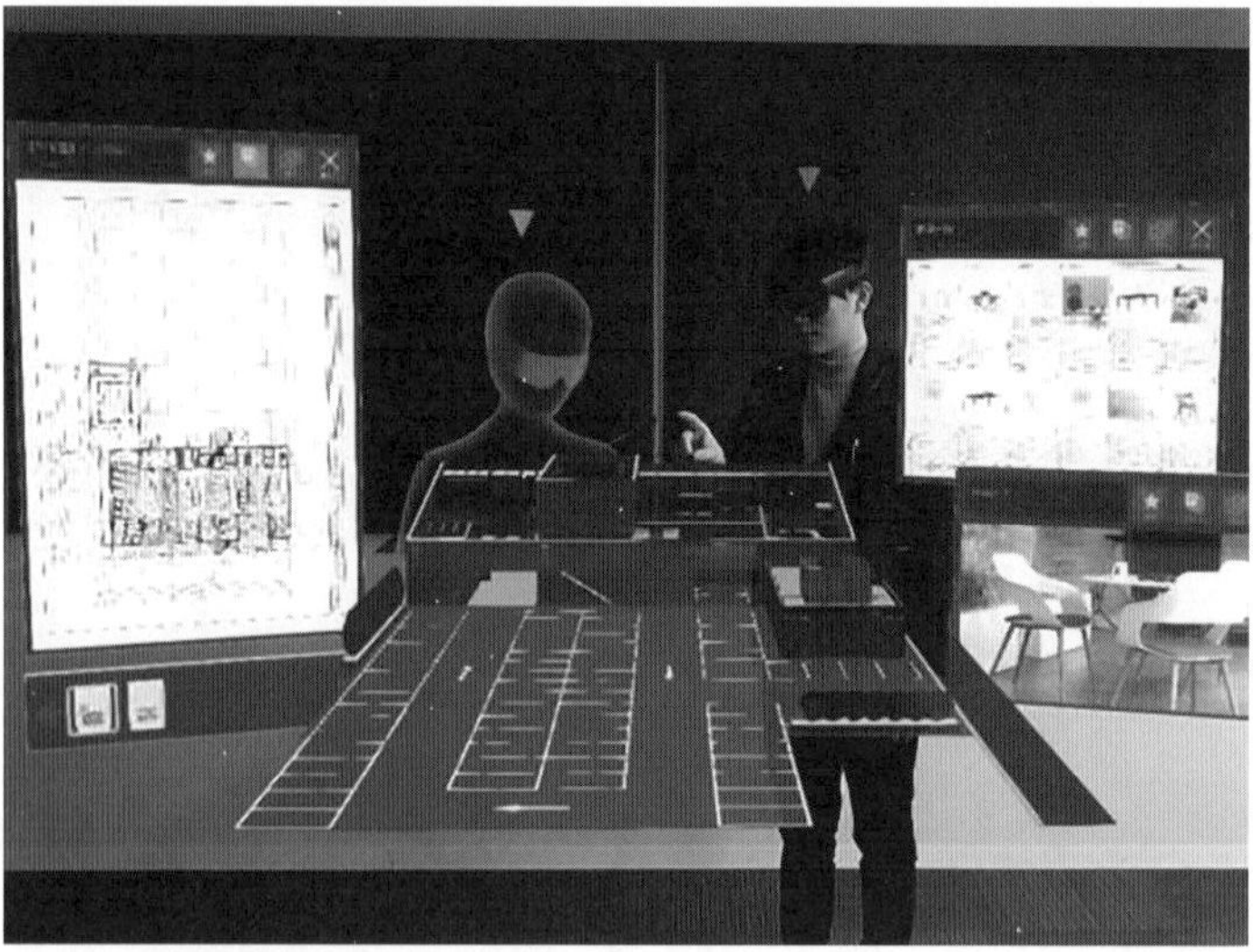

ホロレンズとMR技術

味になってきています。例えばARの仮想物体がもっと精緻になればMRとの境目はどこなのかという議論になるでしょう。したがって、これらを厳密に区別するよりは取りまとめた言い方をするほうが今後便利になると考えられるようになりました。そこで考えだされた用語が『xR』です。

xRという言葉を使ってもいいのですが、ホロレンズは典型的なMR実現装置ですので、本書ではホロレンズおよびホロストラクションの説明にはMRという言葉を使うことにします。

マイクロソフトは、ホロレンズを「自己完結型ホログラフィックコンピューター」と呼んでいます。Windows 10が搭載されていて単体でホログラムの描画ができます。ＰＣと接続する必要がないということです。スピーカーとマイクが内蔵されていて、聞くことも話すことも可能です。装着者の声や指の動きで操作することができます。センサーが搭載されていて、装着している人の位置を把握することも、レンズ越しに映っているホログラムの位置を固定させることもできます。

ホロレンズこそ建設業界の切り札

私がホロレンズを見たのは、大きなスタジアムで行われた事例紹介のプレゼンテーションでした。声のよく通る、自信に満ちた感じの女性が「ジェットエンジンを教室に映し出す」と言っているのが聞き取れました。

これから紹介するシステムの開発マネジャーという女性とテレビカメラのような機材を持った男性が壇上に登ってきます。男性が持っているカメラは特殊なもので、ホロレンズを被っている人に見えている画像を映し出せるものと説明がありました。

女性は、「これがホロレンズです」と紹介しながら、大きなゴーグルのようなものを頭に被ります。すると今まで壇上に存在しなかった大きな4枚のスクリーンと、もともと置いてあった大きなテーブルの上にいくつかのオブジェクトが現れました。これらがすべてホログラムなのです。

女性がスクリーンに向かって手を差し伸べると、指先が指し示しているあたりの文字が反転します。指をマウスの代わりに使っているのです。さらに指で合図をすると、壇上に映っていたホログラムが消えて、会場が少し暗くなりました。そして今度は、エンジンと思われるものが突如現れたのです。女性は指や声を使って、さまざまな指示を出します。その都度、エンジンが向きを変えたり、部品の一部が姿を現したり、映し出されているホログラムが拡大・縮小されたりと自由自在に変化していきます。

女性が「トレーニング終了！」と言うので、整備工場でのトレーニング用に開発されたシステムだと分かりました。本来は実際のエンジンを使って行われるトレーニングなのですが、ホロレンズを使えば実物では見えにくいところもよく見えるし、なにより、実物がなくても訓練ができます。もちろん遠隔地でも訓練できるということです。

7分足らずのプレゼンテーションでしたが、私は感動で鳥肌が立ちました。「これだ！これしかない！」と私は直観したのです。

私たちの会社が将来にわたって存続するための切り札はホログラムなのだと思いました。そして、これは建設業界にとっても光明だとも。建設業の「仕方がない」でここまで来た仕組み、変えたくても変わらない仕組みをホロレンズが一気にぶっ壊してくれるのではないかと感じたのです。

長年のモヤモヤが一気に解消した瞬間でした。

誰もがベテラン技術者と対等に渡り合える技術

私はずっと法律を学んでいたため、建設に関してはまったくの素人です。設計図面も読めませんし、工法の詳細も分かりません。したがって図面と専門用語で説明されても、出来上がるものをイメージすることが困難です。これは施主も同じです。ですから施主と打ち合わせをする際には、図面ではなく、模型を使って話をすることになります。そうしないと意思疎通ができません。

建築学科や土木学科を出たばかりの新入社員も事情はあまり変わりません。模型がなくてもイメージするには経験が必要だからです特に若手の技術者は、訳も分からず会議に参加して内容が分からないまま終わってしまうこともあります。そうなると、若手はとりあえずその場しのぎの指示に従い、全体像が見えないまま、なんとなく仕事をしていくことになります。手戻りの原因になったり、全体像がつかめるまでに相当な時間が費やされるということは、仕事を面白いと感じるまでに時間がかかってしまいます。どのような仕事も、ゴールを明確にしていることほど重要なことはありません。

そのために建築では模型を作って基本設計から全体像を見ながら仕事を進めていくわけですが、ここでも模型は手作りのものが出てきます。ＣＡＤを使って図面を書いていきますが、とはいえ、やはり完成した建物の前に立って見たり、前面道路に立って見たり、窓から外を見た感じを確認したりしたいのは当たり前です。臨場感を出すにはやはり模型を作って、模型を持ち上げ下から覗いてみたり、いろいろな角度から片目で覗いてみたりして、イメージを膨らませるしかありません。

さらに模型を作るには、かなりの手間がかかります。何度も作り変えて納得する建物のイメージを作っていくわけです。模型といっても規模の大きい数十億円から数百億円という建築物になれば、模型を１つ作るのに数百万円を要することもあります。これを何回も作り直すわけです。

そのほかにも、工事では現場での打ち合わせも多数発生します。協力会社との打ち合わせ、社内での打ち合わせ、発注者との打ち合わせが、現場であったり、発注者のもとへ行ったり、都合に合わせて違う場所もあるかもしれません。現場で打ち合わせをしないと、なかなかイメージがつかみにくいので、なるべくなら現場に集まりたいと思うのは当然のことです。しかしながら、現場によっては、人里離れた場所、一山越えた場所、高速道路に乗っていかなければならない場所、いろいろあります。数時間かけていく場所なのに、数十分で打ち合わせが終了することもよくあります。非効率極まりないことが多々発生するのです。

模型を作らなくても、また現地に行かなくてもゴールイメージが共有できるのであれば、多くの手間と時間とコストが削減できます。これまで課題解決の方法が見当たらなかったのです。

ところがホロレンズを活用すれば、模型を作らなくても現地に行かなくてもほとんどのことが済んでしまいます。１カ所に集まる必要さえないのです。ということは、遠隔地の施主とリモートで打ち合わせできますし、社員が出張どころか出社しなくても打ち合わせに参加することも可能になるかもしれないのです。

同じイメージを共有できるので、フロントローディングを明確に行うことができます。手戻りや、無駄な工数がなくなると考えたのです。どのような仕事でも、仕事を始める前のゴール設定から、アクションプランの構築が非常に重要なことは誰でも理解できると思います。どう考えても、ホロレンズの存在は、建設業にとって価値が大きいと思えたのです。私は技術者ではありませんが、技術者にとっても絶対に価値があると確信しました。

ＭＲというのがまた良いと感じたのも事実です。ＶＲなら私も体験したことがあります。上下左右前後を見回せるのはいいのですが、目隠しされ、さらに有線であることで動き回れないので、人間の直感的な動きが制約され、さらには持っているリモコンでの操作になることに物足りなさを感じました。しかしＭＲは、自分も動き回れるし、それだけでなく操作性においても指でタップすることにより操作できることで、特殊な技量がいらず、年配者でも簡単に利用できるのではないかと感じたことも魅力の一つでした。さらにはホロレンズそのものが空間認識して、その場にあるテーブルやイスを感知しているので、テーブルやイスの上にホログラフィックの図面を置くこともできます。２０１７年に日本上陸以降、世界のなかでもホロレンズ熱が高い国の一つになっていることもあり、すでに多くのアプリケーション開発がされているほどです。例にもれず私自身も当時から、少なくとも建設業においては、大きな価値があるテクノロジーであると感じたのです。今後はARでもゲームだけでなく、さまざまな実用的なアプリが出てくると思います。しかし、少なくとも建設業においては、自分で歩いて周囲を見て回れるという点でMRが最も価値が高いと感じたのです。

導入に必要なのはビジョン

興奮冷めやらぬ私は、会場にいた日本マイクロソフトのスタッフを捕まえて、「私たちの会社にホロレンズを使ったシステム導入をしたいのです。話ができる人を紹介してください」とお願いしました。

「ホロレンズだけなら1台40万円ぐらいで買えますが、システムを構築するとなるとけっこうな金額の投資になるかもしれませんよ。本当にやるつもりですか?」

「やりたいです!」

すると早くも翌日には、そのスタッフはホロレンズ関係者に話を聞いてきてくれたのです。スピード感が日本企業とは違うなあと感心しました。ただ報告内容は少しがっかりするものでした。

「現在日本にはホロレンズの販売・サポートをするチームがなく、日本向けの窓口がないのです。ですから今すぐどうこうはできないとのことでした」

ただ北米に拠点のある企業に対しては対応できるとも言います。残念ながら、私たちの会社には北米の支社や法人はありません。結局、そのときはいったん帰国し、日本マイクロソフトからの連絡を待つことになりました。

翌月の2016年8月に入ってすぐ、「日本向けの窓口ができました。すぐにアポを取って、担当者と会っていただけませんか」という連絡が入りました。何をするにも、動きが速い会社です。直近で会えるのが8月14日と言うので、世間がお盆休みのなか、私は日本マイクロソフトの品川本社を訪問しました。

しばらく雑談を交わしたあとに営業担当がおもむろに「本当にやりたいんですか？」と聞いてきました。米国での反応と同じです。

「オーナー社長がやると言っているんです。本気に決まっているでしょう」

「ちょっと関わっておきたいというようなレベルではなく、本当にシステムを構築するつもりがおありかと聞いているのです」

「何度も言うが、オーナー社長が自ら出向いてきて、やると言ってるんです！」と私は感情むき出しで詰め寄りました。

「おおむね、このぐらいはかかりますよ？」と営業担当はけっこうな額を提示してきます。

「やりますよ！」

「分かりました。ですが小柳さんが、どんな未来を描いているのか、それを先に聞かせてください」

私は自分のもっているビジョンを語りました。現在ではホロストラクションでおおむね実現しているものが中心でした。ただその時点ではホロレンズ自体をまだ触っていませんでしたし、建築や土木の設計にも疎かったので、稚拙なアイデアも多数含まれていました。例えば壁の中の配管や電気の配線が透けて見えるといいといったようなことも言いました。おそらくジェットエンジンの燃料の流れが見えるというデモに影響されたアイデアだと思います。今思えば、現場で使うということをベースに考えていたイタイ考え方だったと思います。

しかし稚拙なアイデアも含めて、営業担当は熱心に話を聞いてくれました。そしてこれは本気だと判断して、シアトルの本社と話をすると約束してくれたのでした。

社員の意見を取り入れホロレンズの使い方を模索

マイクロソフトと本格的に話をする前に、ホロレンズをどう使うのか、方針を詰めておく必要があると思いました。最初は、「マイクロソフトが開発した新しいデバイスを使って、建設業の仕事のやり方を改革しようと思っています。どんな意見でもいい。建設にこだわらなくてもいい。興味のある人は集まってほしい」と社内公募をかけました。社長に命令されて、いやいやプロジェクトに参加する人は要らなかったのです。志願者のみでまずやってみようと考えました。

すると30人もの社員が手を挙げてくれました。技術者、営業、管理部門など、垣根を越えて集まってくれたのです。

この30人に「ゼネコンである我々の強みを活かせるアイデアを出してほしい」というテーマを与えて3回ほどブレインストーミングをしてもらったところ、さまざまなアイデアが出てきました。そのアイデアをブラッシュアップするところから正式なプロジェクトを発足させたのです。

プロジェクトのメンバーは７人に厳選しました。現場の技術者を中心に前職がＩＴエンジニアだった者を加え、さらに今後プレスリリース等対外的な発表が増えると考えたので広報の人間も入れました。

アイデア出しにはできるだけ多くの人に入ってもらうほうが良いと考えましたが、本格的なプロジェクトに関してはあまり多くても意味はない、しっかりアウトプットができる人たちによる少数精鋭チームでいこうと決めたのです。

動き出したホロストラクション開発プロジェクト

９月には日本マイクロソフトと正式契約を結び、ホロストラクション開発プロジェクトが始動しました。

しかし建設現場を知らない私では的確な進め方は指示できません。

そこで現場を熟知している技術者とともに進め方を検討していきました。彼は実際に使う場面を想像しながら一生懸命に考えてくれました。行き着いた結論は、「ホロレンズを現場で使うことはあり得ない。会議室で使ってこそ生きる」というものでした。

彼の考えはこうです。

「現場は、実際に工事をする場所ですから、そこでホログラムを見ながら作業することはありません。現場にホログラムが出てきても邪魔になるだけです。それ以前に、現場でホロレンズを装着するのは、サングラスをかけるのと同じで視界の妨げになり、危険です。足下がよく見えず、高いところから落ちたり、トンネルの中で躓いたりして、怪我人が続出するでしょう。法的にも問題がありそうです」

言われてみたら当たり前のことなのですが、現場経験のない者には浮かばない発想なのです。やれること、やりたいことから発想してしまうのです。しかし現場で地に足を着けて働いている人たちの発想は逆で、「何に使えるか」から入るものなのです。とはいえ、ブレイクスルーをしたいときには突飛なアイデアも大切ですから、現場発想と素人発想の両方があるのがベストだったのではないかと今では思います。

方針は決まりました。自社の会議室に建設現場をもってくる――これが私たちの考えた建設業におけるホロレンズのベストな使い方でした。

▶ホロストラクションの歩み

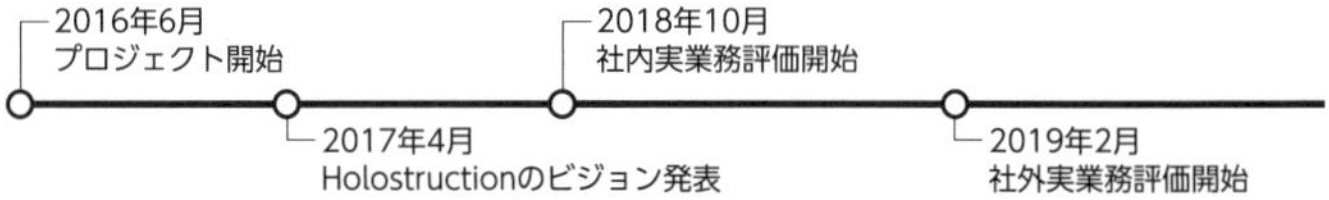

	Phase1～3	Phase4～5	Phase6
主な目的	HoloLens1ベースでのHolostructionコンセプトモデル策定とプロトタイプ概念検証	業務利用に向けたシステム開発・拡充と外販に向けた検討	社内試験運用および外販α版トライアル運用に向けたシステム／運用面の整備
主な活動	・コンセプトモデル策定 ・プロトタイプによる概念検証	・運用計画WS ・機能向上開発WS ・社内実業務評価WS ・外販検討WS	・運用準備WS ・機能向上開発WS ・定着化WS（ガイドライン作成）
主な成果	・ビジョンビデオ ・プロトタイプ ・記者発表	・Holostructionシステム ・外販検討報告書	・社内試験運用／外販α版トライアル運用体制 ・活用ガイドライン

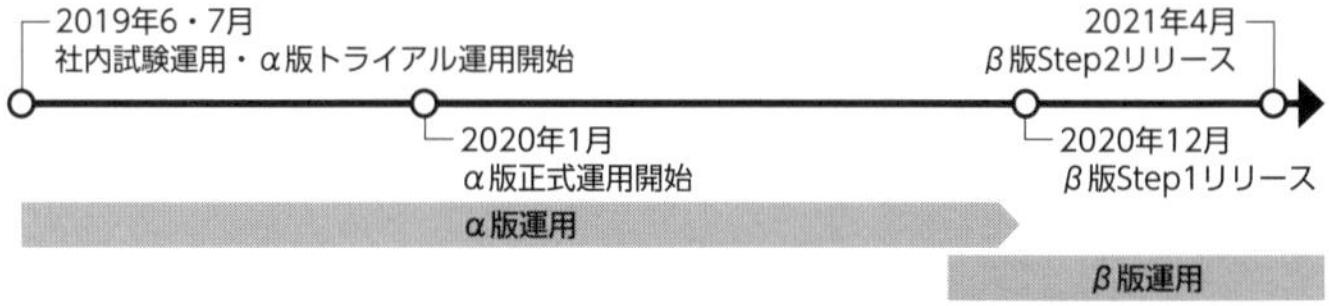

	Phase7	Phase8		
主な目的	ビジネス環境変化やテクノロジー進化を踏まえ、利用者拡大するためのβ版再定義・計画	Holostructionの利用者拡大を目指したβ版開発業務適用評価・利活用推進については小柳建設メンバーのMR活用習熟に伴い、自走体制に変更		
主な活動	・β版検討WS ・トライアル評価WS ・機能向上開発WS	**Phase8.1** ・β版Step1開発 ・新技術検証 ・業務適用評価	**Phase8.2** ・β版Step1開発 ・ARR評価	**Phase8.3** ・β版Step2開発
主な成果	・β版シナリオ・サンプルアプリ ・α版システム拡張版 ・α版評価プロセス	・β版Step1プロトタイプ ・PCレンダリング評価 ・α版での業務適用評価	・β版Step1リリース ・ARRプロトタイプ ・β版Step2シナリオ・アーキテクチャ	・β版Step1コア機能改善 ・β版Step2拡張機能リリース

マイクロソフトと信頼関係を構築

プロジェクトは2021年の今も継続しており、フェーズ8を数えています。最初の段階で、1つのフェーズはおおよそ半年に区切り、その期間ごとに成果を出していこうと決めました。ただしフェーズ1とフェーズ2は、短期間に成果物を出す必要があり、それぞれ約3カ月となっています。フェーズ7まででアルファ版の開発が完了し、現在進行中のフェーズ8（ベータ版開発）については、さらにサブフェーズに区切っています。

フェーズ1はホロストラクションのビジョン固めで、2016年末に終わりました。その際に成果物として、ビジョンをまとめた動画を作りました。

そのビジョンビデオに基づいて、プロトタイプを作成したのがフェーズ2です。これには、2017年4月という明確なエンドがありました。日本マイクロソフトと共同で、ホロストラクションのビジョンを発表する記者会見を企画しており、その日までに実現可能なコンセプトを固めつつ、プレスに見せられるものを作る必要があったからです。

私たち側はスキルトランスファーをしてもらうことが必要でしたし、マイクロソフト側も建設業の業務についてヒアリングをする必要がありました。しっかりとした意思疎通ができないと、絵に描いた餅のようなコンセプトになってしまいかねません。それ以上に、現実化できないことに無駄なお金と時間を使うのだけは避けたいことでした。夢に近いことかもしれませんが、可能な限り現実化したい。そのためにはホロレンズのユーザーである私たちも、ベンダーであるマイクロソフトもお互いにもつ知識と知恵を最大限に出し合う必要があったのです。

そのため２０１７年１月から４月にかけては大変でした。マイクロソフト本社があるシアトルに２週間に１回、３日間の出張に行くことになったのです。日本マイクロソフトの営業担当から「本当にやるのか？」と聞かれたのは、予算だけの話ではなく、覚悟も問われていたのかもしれません。

ただマイクロソフト側が顔を合わせるにことにこだわったのは、親密さを深めるためということもありました。出張に行くたびに食事会を企画してくれましたし、コミュニケーション全般にわたってかなりの気遣いを見せてくれました。そのおかげで、わずか数カ月でシアトル側とかなり仲良くなることができました。その後の開発で発生したさまざまな問題を解決するのにも、このときに築いた信頼感が大いに役立ったと感じています。

プロトタイプの一番の見せ場である機能は、タイムスライダー機能でした。ホログラムとして映し出されているスケジュール表上のタイムスライダーを指で動かすと、更地から徐々に建物が出来上がっていく様子が見られるというものです。工程ごとに止めることも戻すこともちろん可能です。最大5名までとなりますが、ホロレンズを装着した人全員が同じホログラムを見ることができます。

私たちの会社の事例は日本航空株式会社に続く、日本では2例目のホロレンズ活用事例でした。もともとマイクロソフトでは、建設・製造・医療の3分野に力を入れたかったのだそうです。そこに私たちの会社が手を挙げたわけです。

契約を締結してからは、もともと注力したかった業界の会社だということもあって、マイクロソフトは最大限のバックアップをしてくれました。

2週間に1回の出張に際しても、前回話をしたことが、次の出張のときにはプロトタイプ化されており、目で見ながらマイクロソフトがどこまで理解しているのかが確認できたのです。出張の都度、アプリケーションがどんどんアップデートされていきました。

マイクロソフトが、私たちが施工した三条市にある橋のデータを作成してくれて、シアトルでホログラムを見せてくれたことがあります。その際には実物を忠実に再現しているかを確かめるために、ホログラムの橋を実際にメジャーで測定したのです。結果はジャストサイズ！　これには驚き、感動しました。

掲げたのは3つのコンセプト

フェーズ２は予定どおりに完了し、２０１７年4月20日の共同記者会見に臨みました。記者会見では、まずホロストラクションの３つのコンセプトモデルを発表しました。

１つ目は、業務トレーサビリティの向上です。建設業者は事業や業務の透明性を確保することが本来求められています。そこで計画・工事・検査・保守のすべてをトレースできるツールを開発します。その際に、国土交通省が推進するi-Constructionの後押しになるものを作ることを目指します。

２つ目は、BIM/CIMデータの活用試行です。BIMはBuilding Information Modeling、CIMはConstruction Information Modelingの略で、建造物ライフサイクル全体のモデルに蓄積された３Ｄデータ等すべての情報を活用する仕組みのことになります。設計図を３Ｄで可視化しつつ、検査に必要なデータや文書も同時に格納し、必要なときにすぐ表示できる仕組みを開発します。これによって人数が不足している検査員の負担軽減を目指します。

3つ目は、新しいコミュニケーションアイデアの試行です。建設業務には数多くの関係者が介在する一方で、建設現場には物理的に行き来が難しかったり危険な場所だったりすることが多いのです。ホロレンズを活用することで、物理的な場所に囚われずに現場の状況確認や遠隔地の人と図面や視界共有ができます。実物大のスケールで実際に現場にいるような体験もできますし、建設重機や作業員の配置をシミュレーションすることもできます。これらの機能を活用することで、工事の安全やコミュニケーションの迅速化を目指します。

これらのコンセプトモデルを実現するために、ホロレンズだけではなく、Microsoft AzureやOffice 365（現Microsoft 365）、Dynamics 365（マイクロソフトが提供するERP/CRM）などマイクロソフトのクラウドサービスをフル活用することも発表しました。

日本マイクロソフトの平野拓也代表取締役社長（当時。現米マイクロソフト バイスプレジデント）は、「建設現場における社員の働き方改革、近未来コミュニケーションの実践、業務の透明性確保、建設関連業務のデジタル化の4点で、小柳建設のDXを支援する。日本マイクロソフトのコンサルティングチームだけでなく、米国本社とも連携したプロジェクトであり、今後も米国本社と密に連携しながら支援を行っていく」と発表しました。

私は、「少子高齢化により、さまざまなマイナスイメージのある建設業界の人材不足が課題になっている。データの改ざん、耐震偽装の事件により不透明な業界であるとのレッテルが貼られている」と業界の現状を説明し、「次代の担い手がいないという建設業界の課題を解決するためにホロレンズが活用できると直観的に感じた」と述べました。さらに「ホロレンズの活用により、透明性、安全性、生産性を高めることを目指し、業界にイノベーションを起こしたい。建設業界をかっこよく、地域や子どもから尊敬される業界にしたいという気持ちをもっている。ホロストラクションを通じて、新潟から日本全体、そして世界に向けて、そうした想いを実現していきたい。そのためにマイクロソフトと協業、共創を進めていく」と強い想いも発信しました。

記者会見の内容は、アスキーなどのＩＴ系媒体や日本経済新聞などに好意的に取り上げられました。それらの記事を読んだ私たちは、これは絶対に失敗できないぞというプレッシャーと、必ずやり遂げるという熱い思いに満たされたのでした。

実際のデータを使うことで課題が見えてくる

フェーズ3は、プロトタイプとして開発したものを実際の工事で使って検証していく、つまり概念検証（PoC）のフェーズでした。2017年10月までの半年間、川の掘削工事で実際に利用してみて課題を洗い出し、実用化に向けての修正を繰り返したのです。不具合があれば修正し、不足していた機能があれば追加していきました。

2017年4月の段階では、MRだけでなくxR技術全般がまだ普及しておらず、ホビーやエンターテインメントとしては面白いが、ビジネス現場での実績がなく、本当に使えるのか疑問視する人もいました。疑問視以前に利用イメージが湧かない人のほうが多かったかもしれません。

公共工事のコストダウンや安全性向上にホロストラクションが役立つことは私たちには明らかなことでしたが、行政の方々に説明してもなかなか伝わりません。ビジョンビデオを見せても「すごいね！」と褒めてはもらえるのですが、2次元の動画ではどうもイメージがうまく伝えられません。コンセプトが理解されず、活用イメージも湧かないようなのです。そこで実際に川の掘削工事という公共事業で活用することにしたのでした。

ＩＴ関係者はＭＲやｘＲについてある程度知っているので理解できるようなのですが、それ以外の一般の人には、まだ世の中にないものをビデオだけでイメージするのは難しいのだと思います。携帯電話の出始めの頃と同じ状況と考えればいいのかもしれません。当初の携帯電話といえば自動車に載せたり、ベルトで肩にかけたりするものでした。持っている人も業務に携わる一部の人か、お金持ちの好事家ぐらいでした。そのうち１人が１台持つ日が来るといってもイメージできませんでしたし、ましてやスマートフォンのようなものをイメージできた人はほぼいなかったはずです。それと同じことだと思うのです。

ただテクノロジーで可能になることを理解してもらうほうがたやすいのかもしれません。それによって既存のルールを変えることのほうが大変です。ホロストラクションの最終目的は、建設業に従事する人たちを楽にするということですから、そのなかには紙による事務手続きをなくすということも含まれます。

今でこそ、政府主導で押印廃止の動きが出てきています。これは紙での手続きをなくすということと連動しますから、そう遠くない将来、一部の手続きを除いて、ほとんどの手続きが電子化されると予想できます。

いずれにしてもまずは建設の仕事が紙やペンがなくても可能だということを示さなければ

ばなりません。前例を作っていくしかないのです。

フェーズ3を通して、大きな不具合も機能不足もありませんでした。プロトタイプをブラッシュアップする程度の作業で実用化の目処がついたことから、当初のコンセプトが間違っていなかったことを確信し、「これは、やれる！　このまま突き進めばいい！」と自信を深めることができました。フェーズ2までは作り込んだデータでの動作検証でしたが、フェーズ3では実データで検証できたことにより、私たちの確信はより深まったのです。

さらに便利な機能ということで、リモートコミュニケーション機能を強化しました。打ち合わせの参加者のアバター（分身）をホログラム表示するようにしたのです。これにより打ち合わせの参加者が一目瞭然になりました。

業務利用に向け、直観的に現場で使えるよう準備

続くフェーズ4では、業務利用に向けた準備を行いました。実際の工事で概念検証ができたといっても、業務に利用するためにはさまざまな準備が必要です。

概念検証では時限的な特別チームによるオペレーションが行われました。しかし実業務

で利用するとなれば、日常的な運用チームがシステムと業務の運用を行う必要がありま す。そのための運用設計と運用マニュアルを作りました。

もちろん実際に業務に携わる社員が使えるようにする必要もあります。そのためにはマニュアル類を整備することが必要です。そこで私たちは、ホロレンズ、ホロストラクション、データ登録アプリケーション、管理アプリケーションおよびAzureに関するマニュアルを作成しました。

実際の社内運用に向けた準備を進める一方で、2018年10月からは概念検証の対象を広げていき、評価結果を基にホロストラクション自体の機能向上・性能向上を進めました。

外販することを前提にさまざまな検討を開始

フェーズ4と並行する形で、フェーズ5では外販の検討を始めました。

ホロストラクションは、もともと社内での利用を念頭に置いたものでしたが、広く建設業界全体を良くしたいという想いがありましたので、外販も当初から考えてはいました。とはいえ私たちはＩＴ企業ではありません。外販自体が可能かどうかという問題がまずありました。また他社でも使えるものかどうかは実際に使ってもらわないと分かりません。

さまざまな疑問や課題はありましたが、概念検証を進めていった結果、他社でも使ってもらえるだろうという確信が生まれてきました。建設業界全体がもっている課題と私たちの課題は一致しているし、その課題が解決できるということであれば、購入したい建設業者は少なくないはずだと思えるようになったのです。

それ以上に、私たちの会社以外でも使ってもらいたいという気持ちが、概念検証とはいえ実際の仕事で利用しているうちにどんどん高まってきたのです。

そこで外販を前提に、どうすればそれが可能になるかさまざまな検討を開始したのです。検討テーマは、顧客ターゲット、販売方法、マーケティング方法、価格帯、マイクロソフトとの役割分担などです。簡単な市場調査も行いました。

検討しているうちに顧客ターゲットは建設業に絞る必要はないと考えるようになりました。3次元ＣＡＤで設計しているのであれば、クラウドにデータを上げればあらゆるものづくりで使えるはずだと気づいたのです。

社内での本格的な利用と外販を睨んで、このフェーズではシステムへの認証・認可機能の作り込みもしました。

ついにホロストラクションの試験運用を開始

フェーズ６では、フェーズ４の業務利用に向けた準備を受けて、社内での試験運用を開始しました。一部のチームから開始し、徐々に広げていく方針で取り組みました。開始したチームから定着が進んでいかなければなりません。そこでホロストラクション利用のガイドラインを作成し、ホロストラクションの意義と内容、メリット、使用シーン等を説明しました。またすでに作成していたマニュアルをガイドラインに紐付けて、ガイドラインとマニュアルを見れば、すぐにホロストラクションが使えるように配慮しました。

システム開発の面では、機能拡張はいったんやめて、バグ取りに専念しました。これは来たるフェーズ７での社外トライアルに向けて品質向上が最大命題と考えたからです。なお社外ユーザーが使うための作り込みは特にありませんでした。その会社独自のデータがあれば、それで機能するように標準化・汎用化された設計になっていたからです。

フェーズ１からの開発全体について振り返ると、今までは要件定義、基本設計……と１つずつステップを踏んでいく、いわゆる「ウォーターフォール」型の開発をしてきました。しかしクラウドベースの開発であることなどから、アジャイル型の開発にチャレンジすることにしたのです。アジャイルとは迅速という意味で、作りながら改良していく手法です。

ウォーターフォールと比較すると予算管理が難しいのですが、私たちがアメーバ経営を導入していたことが有利に働いたようで、思ったよりすんなりと受け入れることができました。

社内での試験運用と並行して、社外トライアルに向けての運用準備も進めました。私たちのシステム部隊はわずか5名でしかも兼任です。そのなかで運用を担当しているのは3名に過ぎません。この人数でどうやって運用するのかを考えなければならないので大変だったと思います。

フェーズ6が完了した時点で、ホロストラクションのアルファ版が完成しました。アルファ版とはいえ、完成度は高いものです。少なくとも社外トライアルで十分使ってもらえるレベルのものができました。

2016年にフェーズ1を開始してから3年足らず。ようやくここまでこぎ着くことができました。IT企業でもない地方の中小建設業者でも、最先端のテクノロジーを活用したシステムを創り出すことはできるのです。それが証明できた意義は大きいと私は思います。

日本にあるものだけを見ていてはダメ。社長主導で海外視察ツアーへ

話は遡りますが、私がホロレンズと出会ったときに痛感したことは、もっともっと世界の最先端にアクセスしないと時代から取り残されてしまうということでした。

ホロレンズについては数年後に知ることになったと思いますが、あのときほどの感動もなかったかもしれません。そうであれば見過ごしていた可能性が高いです。ホロストラクションの開発に着手したとしても、何年も遅れていたはずです。もしかしたら別の建設会社が先に始めていたかもしれません。だとしたら、私たちの手でホロストラクションを作ることはできなかったかもしれません。

このように考えると、私たちの成功など本当に細い糸の上で成り立っていたことが分かります。しかし受け身ではなく、積極的に海外で情報収集に努めていたから、ホロレンズについても偶然の力を借りることなく、早い段階で知ることができたのではないかと思うのです。そしてなにより価値観が大きく変化したことが大きな収穫でした。この価値観の変化は、経営者だけが変化しても意味がありません。社員の価値観も変革させるために

も、多少お金をかけてでも、社員を連れて海外視察に出かけることが、将来への何物にも代えがたい投資であると考えたのです。

ホロレンズだけではありませんでした。私たち地方の中小企業の人間は、情報通信技術が発達しリアルタイムで情報を手に入れられるようになったとはいえ、東京に比べると展示会の回数も少なく遅れているという実感はあります。ところが米国に来てみると、東京でさえ米国よりも数年以上遅れている印象がありました。

幕末に黒船を見た人たちや、それに刺激を受けてヨーロッパに最新の技術を見に行った使節団は私と同じような気持ちだったのではないかと思いました。「日本にひきこもっていたら、そのうち日本は大きく世界から取り残されてしまう」と思いました。

そこで海外視察ツアーを定期的に実施することにしました。随行する社員は、自ら「海外の状況を見て学びたい」という人に作文を書いてもらって、その中から選抜しました。あくまでも、自らの意志で学びたいという社員だけを連れていきたかったからです。

エストニアの最先端な行政システムに驚く

海外視察ツアーは、２０１６年から２０１９年まで20回以上実施しました。２０２０年から現在まではコロナ禍の影響で中断していますが、収束したらまた、最低でも年に１回は行きたいと考えています。

記念すべき第1回は、２０１６年7月です。その直後の10月にはとある会社が主催したシリコンバレー企業視察ツアーに参加しました。その会社は世界で頑張っている日本企業を応援することを存在目的としている会社です。そのツアーで、２０１２年にシリコンバレーで挑戦を始めていたChatwork社と知り合うことになりました。

同じく２０１６年10月に、エストニア、イタリア、ポーランド、イギリスの欧州４カ国を回って視察をしてきました。最も見たかったのがエストニアでした。世界一行政システムが進んでいるという評判があったからです。日本はどこも役所による規制が厳しく、行政手続きが面倒です。建設業界はそのなかでも最も行政手続きが多い業界の一つではないかと思います。しかも紙の書類による手続きが多いのです。そこで先進的な国ではどうしているのかを知りたいと思いました。

この目で見たエストニアの行政システムは、それはすばらしいものでした。不動産関係と結婚以外は、すべて住民向けのポータルサイトから手続きできます。確定申告など1人当たり3分で完了します。

そのほかに、首都タリンにあるNATOのサイバー防衛協力センター（CCDCOE）や、エストニアのＩＴ科学と教育の旗艦といわれるタリン工科大学を見学してきました。

イタリアは、浚渫《しゅんせつ》工事で利用している専用のポンプ船を購入した会社があるので、工場見学に行きました。父と当時の役員がこの会社まで買い付けに来たと聞き、ぜひ見たいと思ったのでした。

ポーランドでは、先端技術を集めたイベントがあったので、立ち寄りました。

イギリスでは、透水性の高いアスファルト舗装を手掛けている会社があるというので見に行きました。バケツの水をそのアスファルトに撒くと一瞬で浸透し、水たまりがまったくできないというのです。残念ながら、同業には見せられないと言うので、無駄足になりました。ほかにも建設業向けのコンサルティング会社を訪問し、先端技術とビジネスについて話を伺いました。

やはり情報は自ら足を運び、見聞きすることで感動も含めた直観的な情報収集につながり、その後の経営戦略に役立っていくのでした。

マイクロソフト本社の建物に見た壮大さ

２０１６年10月から２０１７年4月にかけては7回連続で、マイクロソフトのシアトル本社に訪問しています。これらはホロストラクションのコンセプト決めのための出張と視察をセットにしたものです。

初めてマイクロソフトの本社を訪れたときは、世界を席巻するＩＴ企業であるマイクロソフトのオフィスをこの目で見られると少し興奮気味でした。そんな機会はなかなかないからです。

建設業者の目で見ると、マイクロソフトの本社は壮大でした。全体の建物の構成がデザインに重きが置かれているように感じたのが印象的でした。会議室が全部ガラス張りなのもすごいけれどそこまでやるのかと思いました。働く人たちのためのオフィスであることがにじみ出ているように感じました。休憩室にはビーチにあるような寝られるベッドもありましたし、コーヒーやジュースはすべて無料です。ちょっとしたオープンカフェなども用意されていて、外部の人も出入りできます。ただその分、セキュリティはしっかりしていて、渡された入館カードによって出入りできる場所がきちんと制限されていました。

採用も目的に加えた海外視察で、外国人採用の難しさに直面

その後もいくつかの海外視察を繰り返しました。

列挙すると、２０１７年７月のワシントンD.C.のイベント、同年11月のNew Japan Summit（シリコンバレー、スタンフォード大学と日本能率協会が連携したシリコンバレーのスタートアップと日本企業をつなぐことを目的としたイベント）、２０１８年１月のＣＥＳ ２０１８（ラスベガス、トヨタ自動車の豊田章男社長がプレゼンテーションをしたので有名な会です。このときはロサンゼルスとサンフランシスコにも視察に行きました）、２０１９年４月のbauma（ミュンヘン、世界三大建機展の一つ）です。

２０１７年７月のイベントの際には、シリコンバレーで開催されたIT CAREER EXPOにも参加しました。これはＩＴエンジニアの合同企業説明会の大規模なもので、私たちもＩＴエンジニアの採用を目的として参加したのでした。

中小企業が抱える課題に、せっかく育てた人財が転職してしまったり、即戦力として採用した人財がすぐに辞めてしまったりするということがあります。会社としての魅力が足りないという理由もあるのでしょうが、心変わりして辞める人も多いのです。

そこで海外の優秀な工科系大学の学生や出身者を現地で直接雇用してみてはどうかと考えました。手始めにIT CAREER EXPOに参加したのですが、日本の新潟で働きたいというＩＴエンジニアは見当たりませんでした。そこで翌２０１８年からはアジアに目を向けることにしたのです。

２０１８年から２０１９年にかけて、ハノイに3回、シンガポールに2回訪問しました。シンガポールの大学が優秀なのはいうまでもありません。あくまで目安とは思いますが、２０２１年度のアジア大学ランキングでは、東京大学が15位なのに対して、シンガポール国立大学が1位、南洋理工大学が3位にランクインしています。またベトナムにもベトナム国家大学やハノイ工科大学など優秀な大学がいくつもあります。

シンガポールやハノイでは、情報収集も兼ねながら、合同企業説明会系のイベントに参加しました。現時点では、２０１９年11月にハノイに訪問したのが、最後の海外視察となっています。

採用目的で海外に何回か訪問した結果分かったことは、今のところの結論ですが、現地採用するよりも、日本に来ている留学生を集めるほうが良い人財を採用できる可能性が高いということでした。日本を好きな人が多いですし、日本文化への理解もあります。日本語もできますし、日本企業向けの技術も学んでいます。日本の地方都市に抵抗がない人もけっこういます。なによりも真面目な人が多いことが高く評価できます。

いずれにしてもしばらくは海外に赴いての現地採用は現実的ではないので、留学生採用に力を入れようと考えています。

Chatworkを知って、社内のメール連絡を禁止

2016年10月にシリコンバレー企業視察ツアーに参加し、Chatworkを知ったと述べました。当時の社長は、創業者の山本敏行氏（現：SEVEN）です。山本さんは日本人離れしたスケール感のある人で、起業家精神の塊のような人です。私から見ると2つ年上で、勝手に兄貴分のような方だと思っています。

2011年にChatworkの販売を始め、「メールの時代は終わりました」というキャッ

チフレーズで注目を集めました。「チャットで世界を変える」と意気込んでいたのです。「Chatworkで働き方改革ができる」と主張し、それを証明するために、日本の会社は社員に任せて、社長である自分だけ単独でシリコンバレーに乗り込んだという人でもありました。

シリコンバレー企業視察ツアーでは最後に記念撮影がありました。たまたま場所が隣だったので、立ち話をさせてもらいました。

「どこから来たのですか」

「新潟からです。盛和塾でいろいろと勉強させてもらっていました」

「盛和塾ですか。よく塾生の方々がこちら（シリコンバレー）に来られますよ」

私は、ホロストラクションについて簡単に説明しました。山本さんは興味をもったらしく、自宅に招いてくれました。そこで許可をいただいて、社員何人かを連れて伺うことにしました。そして山本さんの熱弁に促されて、私たちの会社にChatworkを導入することにしたのです。

当時ビジネスチャットは日本ではあまり普及していませんでしたが、私は電子メールというものに不便さを感じていました。返事が遅いうえに、読まれているのかどうかもよく分かりません。

だからといって電話が良いとは思いません。むしろ最悪だと思います。かける側はかまいませんが、受ける側はよほど暇な人は別として、基本的に時間を奪われる形になります。また集中して仕事をしているときに電話がかかってきたら、一瞬にして集中が途切れます。再び集中できるまでには時間がかかります。ですから、私自身は電話をかけたくありませんし、もちろんかけてもらいたくもありません。

その分、自分の見たいときに見られて、返事も書きたいときに書けるメールは、電話よりは良いと思います。やり取りの記録が残るのも便利です。だからこそ普及したのでしょうが、しかしそれでもデメリットがたくさんあります。

まず検索が難しい。検索結果もあまり当てになりません。検索したら出てくるはずのメールが出てこないことが多いと感じます。そこであとで探しやすいようにと自分でフォルダを作って整理整頓するのですが、だんだんフォルダ構成が乱雑になっていきます。別の案件についての話を1つのメールに書いてくる人も多く、その場合はどのフォルダに入れたらいいか分かりません。いつまでも以前の案件名に「RE:」をつけて返信してくる人もたくさんいて、タイトルを見てもどの案件の話か分からなくなります。

その点ビジネスチャットであれば、案件やプロジェクトごとに部屋を分けるのが原則ですから、パッと見てなんの件か分からないメッセージは来ません。検索も楽ですし、ある案件について過去の履歴を調べたければ、その案件の部屋に入って、順に見ていけばいいだけです。

それにメールはセキュリティの問題がないわけではなりません。ウイルスそのものを忍び込ませることもできますし、怪しいサイトへのＵＲＬを載せることもできます。その点ビジネスチャットであれば、そもそもＩＤをもっている人しか入って来られませんし、入れる部屋も制限されるので、メールと比較したら圧倒的に高いセキュリティが実現されます。

そのほか、メールは送ったら削除できないこと、送る相手をいちいち指定しないといけないことなどについても、ビジネスチャットであれば解消できます。

グループチャットを作ってしまえば、ちょっとした打ち合せもチャット内で済ませることも可能です。グループチャットメンバーに質問したり、意見をもらったり、それをその場でメンバーと共有できてしまう点で、メールではできないコミュニケーションスタイルを構築できることは、非常に価値が高いと感じました。

Chatworkで課題解決できるのであればとすぐさま導入を決意しました。そして導入後は社内でのメールを禁止することにしました。社外とのやり取りは相手の会社の都合もありますから強制できませんが、社員に対してはメールをもらっても見ないし、見ても返信はしませんと宣言したのです。多少強引なやり方で導入していきました。

芽生えたのは若者への投資という意識

シリコンバレー企業視察ツアーには何百人、何千人という人が参加したと思うのですが、こうしたご縁で、私は山本さんに顔を覚えてもらい、彼が日本にいるときには食事に誘ってもらえるようになりました。

あるとき中央大学発のスタートアップ企業が、ピッチイベントを企画したことがあります。ピッチイベントとは、ベンチャー企業が投資家相手にプレゼンテーションをして、資金を獲得することを目的とするものです。山本さんが関わっていたので、私も参加させてもらったのですが、話を聞くだけでも面白いのです。起業家志望の若者に会う機会がなかなかなかったため、こういう子たちがいるのだと感動さえ覚えたのです。

そのなかの1人が、こんなプレゼンテーションをしました。自分はバドミントンのオリンピック代表候補だったのだが、怪我で代表になれなかった。それで選手はやめて、アスリートをサポートするための事業をやりたいと考えた、と。私はその頃は一応経営者としての考え方も身につけていたので、これは大きくなるような事業ではないなと直観しました。しかし、今後仮に失敗が待っているとしても、自分なりの理想をもって少しでも世の中を変えたいと考えている若者を見て応援したくなりました。そこで自分のポケットマネーから300万円を彼に投資したのです。山本さんはその後弟に会社を譲り、自分はシード期のスタートアップ企業を応援するエンジェル投資家になりました。ベテラン経営者で構成されるエンジェル投資家コミュニティ「SEVEN」を立ち上げ、それに注力しています。日本全国のエンジェル投資家が、新進の起業家に出資する機会を作るリモート・ピッチイベントなども主催しています。

シードとは「種」のことであり、要するにまだ海のものとも山のものともつかない段階のベンチャー企業です。ほとんどは失敗します。なかには大化けする会社もあり、大きなリターンを得ることもありますが、どちらかというとボランティアに近い出資活動です。「エンジェル」の名前のとおりなのです。したがってこのような活動に人を集めるのはなかなか難しいことだといえますが、山本さんの信用で人が集まり、人が動いているのです。このような活動が若い人たちの起業意欲を高め、そこからさまざまな新しいものが生まれてくることを考えると、山本さんがしていることは新しいタイプの力の使い方であり、いちばん良い力の使い方だと私は思うのです。

マイクロソフトの鬼才キップマンと意気投合

私たちがホロレンズと出会った2016年の夏には、まだホロレンズの存在は日本ではほとんど知られていませんでした。それどころか日本での扱い窓口さえなかったのです。ところが日本マイクロソフトが取り扱うことが決定し、2017年になると日本でも発売が開始されると、一気にホロレンズ熱が高まってきました。ただホロレンズ、あるいはMRといってもビジネスの応用という意味ではまだアイデアがほとんどない時代で、盛り上がっていたのは主に開発者のコミュニティのなかのことでした。

ホロレンズの生みの親は、アレックス・キップマンという人です。世界中からギーク（卓越した知識をもつ技術者）が集まるマイクロソフトのなかでも「鬼才」と呼ばれています。日本の技術者の間でホロレンズがブームになっていることを受けて、マイクロソフトが年1回開催するテクノロジーの祭典「de:code（デコード）」に彼が緊急参加することが決まり、ちょっとした騒ぎになりました。２０１7年5月のことです。

キップマンの講演の前段として、日本でもすでに開発中の案件があるということでホロストラクションが紹介されました。その流れのなかで、キップマンと私の対談が実現したのです。

キップマンは、好奇心旺盛な少年という感じで、ホロレンズの発明者としていかにも相応しい人でした。人間的にとても無邪気で、不思議な雰囲気を醸し出す、まさに天才という空気の持ち主でした。

対談中にキップマンは、「何か新しいことを始めるときに、それが必要であれば、パラシュートなしで崖から飛び降りるんだ」と言いました。私は、自分のしていることを肯定されていると感じました。

新しいことを始めるには、それなりの投資が必要になります。ただ誰もやっていないことなので、成功するかどうかは分かりません。ところが特に日本では、99％成功する見込みがあることでないとなかなか承認されない雰囲気があります。そのためチャレンジする人がなかなか出てきません。

写真左から2番目がキップマン、3番目が著者

しかし必ず成功することであれば誰でもやるわけで、そこで差はつきません。差別化が重要だというビジネスパーソンはたくさんいますが、差をつけるためのチャレンジをしている人はほとんどいません。「チャンスの女神には前髪しかない」という言葉もあります。チャンスと思ったらすぐにつかみにいくことが大切なのです。保険など掛けている暇はありません。それこそパラシュートなしに崖から飛び降りる覚悟が必要なのです。

私はキップマンの話に共感しました。一度限りの出会いでしたが、彼とは深いレベルで意気投合できたのです。

第５章

ＤＸはあくまで「目的」ではなく「手段」。
ホロストラクションをはじめとしたＤＸ化で
建設業務はまだまだ改善できる

3社でホロストラクションのアルファ版トライアル運用を開始

年号も平成から令和に変わり、ホロストラクションの開発プロジェクトもフェーズ7に入りました。フェーズ7では、前フェーズで完成したアルファ版のトライアル運用を実施しつつ、ベータ版を定義し、その開発や展開計画を考えました。

トライアル運用に参加したのは3社です。そのうち1社は私たちの会社で、残りの2社は建設業界大手の竹中工務店と一級建築士事務所シナトでした。

竹中工務店については、細かい説明は不要かと思います。大林組、鹿島建設、清水建設、大成建設、そして竹中工務店の5社が日本では「スーパーゼネコン」と呼ばれています。いずれも売上1兆円規模の会社です。

シナトは気鋭の一級建築士・大野 力氏が代表者を務める建築事務所です。最近の設計事例では、2019年に日経ニューオフィス賞ニューオフィス推進賞を受賞したアマゾン・ジャパンのオフィスが有名かと思います。その他、受賞した賞は数えきれません。

「試作品」であるアルファ版を有償公開に

社外トライアルに関しては、私たちはアルファ版とはいえ、無償トライアルにするつもりはありませんでした。一般的にはアルファ版は試作品であり、本当に限られた相手に使ってもらうもので、ベータ版からを広く社外公開するのが一般的です。ベータ版の目的は、多くの意見をもらって機能強化したり、多くのユーザーに使ってもらうことでバグ出しをしたりすることにあります。それに加えて新商品のプロモーションとしてベータ版を公開することも多いのです。そのためベータ版までは無償にするケースがほとんどだと思います。

しかし私たちはアルファ版から有償公開にすることに決めました。アルファ版とはいえ3年近い開発期間をかけてコンセプトを練り込んできましたし、品質も高めてきました。出来映えとしては、そのまま商品化してもおかしくないレベルです。問題は、私たちにとってはすでになくてはならないシステムになりつつありましたが、世間が価値を認めてくれるかどうかです。それを知りたくて、1プロジェクト当たり月々11万円（税込）という価格設定にして、それでも使いたいという企業があるかどうかを確かめようと思ったのでした。アルファ版と称している意味合いは、限定公開だからということに過ぎません。

竹中工務店がホロストラクションを使いたかった理由

竹中工務店は、トライアルユーザーの公募に申し込んでくれました。

竹中工務店が応募してくれたとき、失礼ながら「スーパーゼネコンの竹中さんか。技術力の高い堅い人が出てくるのかなあ」と思いました。しかし蓋を開けてみたら、まったく違っていました。お会いする方皆さん、私たちの技術にリスペクトをもって接してくれました。否定するような人は1人もいません。そこでぜひ竹中工務店に使ってもらい、いろいろな意見をもらえればと考えたのです。

公募に対しては17社の応募がありましたが、そのなかから竹中工務店を選んだのは、竹中工務店のなかでもテクノロジーを積極的に活用する動きを見せていたことや実際にホロレンズを所有していたこと、さらに担当される方々の人柄が信頼できると感じたことは、決め手の大きな要因になりました。

竹中工務店が月々11万円（税込）を払ってでも、彼らから見たら海のものとも山のものともつかないホロストラクションを使いたいのには理由がありました。施主と打ち合わせるときに、設計図面だけではイメージをつかめない人が必ずいます。そのため模型を作ることが一般的ですが、模型は大きなものになると多くの費用がかかったり、運ぶのが大変だったりします。設計変更に伴う作り直しも簡単ではありません。

それがホロストラクションなら、３次元ＣＡＤのデータがあれば、物理的な模型を作らなくても、簡単にホログラムができ、しかもホログラムを回転させることも、打ち合わせの参加者がホログラムの周囲を回ることもできます。しかも模型と違って拡大・縮小が自由自在で、しかも実物大にまで拡大できます。逆に縮小して建設予定地の景観がどのようになるかも確認できます。それなのにかかるコストは、12カ月使用しても１３２万円（税込）です。物理的な模型よりももっと優れたものが数10分の１のコストで手に入るわけですから、使わない手はありません。

模型を運ぶ労力が大幅に軽減

シナトについては私たちから声を掛けました。私たちの会社の新オフィスの設計をシナトに依頼したので、その打ち合わせのためにホロストラクションを使ってもらいたかったのです。シナトには若いメンバーが多く、ホロレンズとホロストラクションを面白がってくれたことと、出張にかかる経費や時間が節約できること（シナトは東京の会社なので、新潟までの出張旅費はバカになりません）、確認したいことがあればすぐに打ち合わせができることなどから喜んで受け入れてくれました。

シナトも設計会議では、やはり模型を作って打ち合わせをしていました。トライアル運用前には、1メートル四方ぐらいの大きさの模型を上越新幹線に乗せて、東京から運んで来ていました。それだけ大きい模型だと、車内に運ぶときに傾けないと入りません。精巧な模型なので壊れないように気を使います。乗せてからも見張っていないと、誰がぶつかって壊すかも分かりません。出張のたびにそんな思いをすることを考えると、ホロストラクションによる設計会議は、彼らにとっても価値の高いものだったのではないかと思います。

普及を目指し〝顧客とともに課題解決していく作戦〟を採用

私たちの会社は、国土交通省がＰＲＩＳＭ予算を活用したプロジェクトに採択された案件でホロストラクションをトライアル運用しました。ＰＲＩＳＭとは、〝Public/Private R&D Investment Strategic Expansion PrograM〟の略で、日本語では「官民研究開発投資拡大プログラム」となります。２０１６年12月に総合科学技術・イノベーション会議と経済財政諮問会議が合同で取りまとめた「科学技術イノベーション官民投資拡大イニシアティブ」に基づき、２０１８年に創設された制度です。内閣府が司令塔となって全体最適を図り、各省庁が施策を作って実行していくことになっています。

建設業の管轄省庁である国土交通省は、ＰＲＩＳＭ予算を活用して、「建設現場の生産性を飛躍的に向上するための革新的技術の導入・活用に関するプロジェクト」（以下ＰＲＩＳＭプロジェクト）を立ち上げ、参加技術を公募しました。私たちはホロストラクションで応募し、採択されたのです。

採択されると、国土交通省の手によって技術の概要、導入効果、達成状況が報告動画にまとめられて、オンデマンドで配信されます。これはホロストラクションの大きなＰＲになると考えました。

報告動画を作るわけですから、国土交通省もホロストラクションの一つひとつの機能が本当に動き、効果を上げているかを実証しなければなりません。したがってホロストラクションは国土交通省が認定した「イノベーション」だということになるわけです。

私たちにとっては、国土交通省という建設業界における国のトップの課題解決の鍵になるということが決定的に重要でした。私たちがいかに自分たちの取り組みに自信があり、新潟の一企業でも世界を変える貢献ができると確信していても、世間から見れば一地方の中小建設会社でしかありません。「先端技術で突っ走っているようだが、本当に実現できるの？」という疑いの目で見る人たちが大勢いることは十分自覚していました。

なかには「小柳建設が作っているものなど使わない」と露骨な態度を見せる会社もありましたし、完全に無視する会社もありました。そもそも、経営者が高齢化している建設業者では、この価値に気付ける経営者が少ないのかもしれません。そんななか、私たちは日本マイクロソフトと共同記者会見を行ったり、機会があればメディアの取材に応じたり、もちろん随時プレスリリースを発行したり、ＳＮＳなども活用したりして、少しずつ認知度と信用の向上に努めてきたわけです。

しかし自治体などに話をしにいっても、なかなかまともに取り合ってくれません。「最先端技術を使ったすばらしいソリューションだというのは分かるけど、実際の現場で使った実績はありますか？」「本当に現場で役に立つものだと実証されてからでないと……」「ちょっと進み過ぎていて、現場で使うイメージが湧かないなあ」といった反応がほとんどでした。

ところが潮目に変化がありました。国土交通省が２０１６年から始めた取り組みである「i-Construction」が、その変化のきっかけです。人手不足の解消のためには品質や安全をしっかり守りながら生産性を向上させる必要があるとし、そのためにはＩＣＴを積極的に活用しなければならない——私が２００８年以来抱いていた問題について、国土交通省でも本格的に始動し始めたのでした。

私はi-Constructionを打ち出した国土交通省の考え方に共鳴し、２０１７年４月のマイクロソフトとの共同記者会見でホロストラクションの３つのコンセプトモデルのなかで、「国土交通省が推進するi-Constructionの後押しになるものを作ることを目指す」ことにしたのでした。

国土交通省と歩調を合わせ、国家として課題に感じているものを解決できれば、地方自

▶令和元年度 試行案件

コンソーシアム構成員：小柳建設、小松製作所
試行場所：大河津分水路

- 従来より対面で行っている発注者との協議をMRデバイスを活用し、遠隔で協議を実施し効率化を図る
（MRデバイス…現実世界にCGや物体などの仮想世界を投影し、それを体験する機器）

空間上に資料や文書を表示、3次元モデルと共に打合せ等を実施

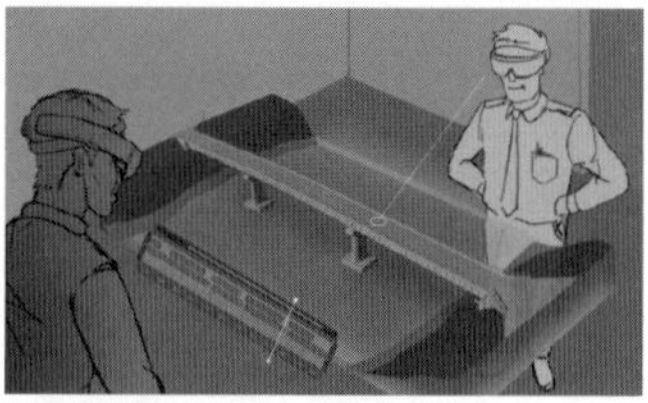
遠隔地の人と音声や視界を共有しながら打合せ等を実施

MRデバイス

出典：国土交通省「建設現場の生産性を飛躍的に向上するための革新的技術の導入・活用に関するプロジェクト　試行内容（概要）の紹介」

治体や公共機関も必ず採用してくれるはずです。ホロストラクションを普及させるために、いわば顧客の課題解決をする戦略に決めたのです。そして国土交通省にアピールする機会をうかがっていたときにPRISMプロジェクトの公募があり、採択されたというわけなのです。

　コンソーシアムを組むことが採択条件でしたので、小松製作所に協力してもらいました。施工現場は大河津分水路で、ホロストラクションのリモートコミュニケーション機能を主に使用しました。

トライアル運用の成果を東京・青山で発表

フェーズ7のトライアル運用では、顧客企業の現場で使えるものなのかどうかを中心に評価してもらいました。もちろん細かい操作感についてもフィードバックをもらいましたが、それについては竹中工務店から一部のボタンが押しにくいという指摘を受けたぐらいです。つまり私たちが策定したコンセプトモデルで想定していた使い方を、他社でもするのではないかということが分かったのでした。

社外トライアルを開始した２０１９年7月の時点で、利用者拡大を目指したベータ版の定義および計画を練り始めていたのですが、社外トライアルが好評のうちに進んでいることから、実際に利用者拡大することを正式に意思決定しました。

そこでさらに多くの人にホロストラクションを知ってもらうために、「建設の新しい働き方」をテーマに、ホロストラクションのデモや導入企業（竹中工務店、シナト）とのパネルディスカッション、および体験会を含むMeetupイベントを実施することにしました。

場所は東京南青山のRestaurant Bar CAY、日時は２０１９年11月28日の17時から、パネルディスカッションの司会をイエイリ・ラボ代表で建築ＩＴジャーナリストである家入龍太氏にお願いしました。シンポジウムの名称は、「Holostruction Meetup」としました。

告知開始が1カ月前という短い期間の募集で、寒い時期であったにもかかわらず、会場には100社、150名ほどの参加者が来てくれました。その後の懇親会にも大勢の方が残ってくれて、建設業の新しい働き方やホロレンズ、ホロストラクションに関する話題で大いに盛り上がったのでした。

当日採ったアンケートを見ると、まず「Holostruction Meetup」に対する満足度については、「大変満足」が61・1%、「満足」が36・1%でした。また参加目的に関しては、ホロストラクションに興味があって来場した人が77・8%いました。ホロストラクションへの期待が増大してきていることが分かります。私たちがホロストラクション開発プロジェクトを開始した3年前とは、もはや時代が変わったことを実感しました。

ホロストラクションで有効と感じた機能をあえて一択で選んでもらったところ、「3次元シミュレーション機能」が最も多くて44・4%、続いて「リモートコミュニケーション機能」で33・3%、「タイムスライダー機能」が22・2%でした。「ホロストラクションは『建設技術者に濃い時間を生み出す』ために有効だと思いますか」という設問に対しては、「非常に有効」が44%、「有効」が56%であり、無効とする人はいませんでした。

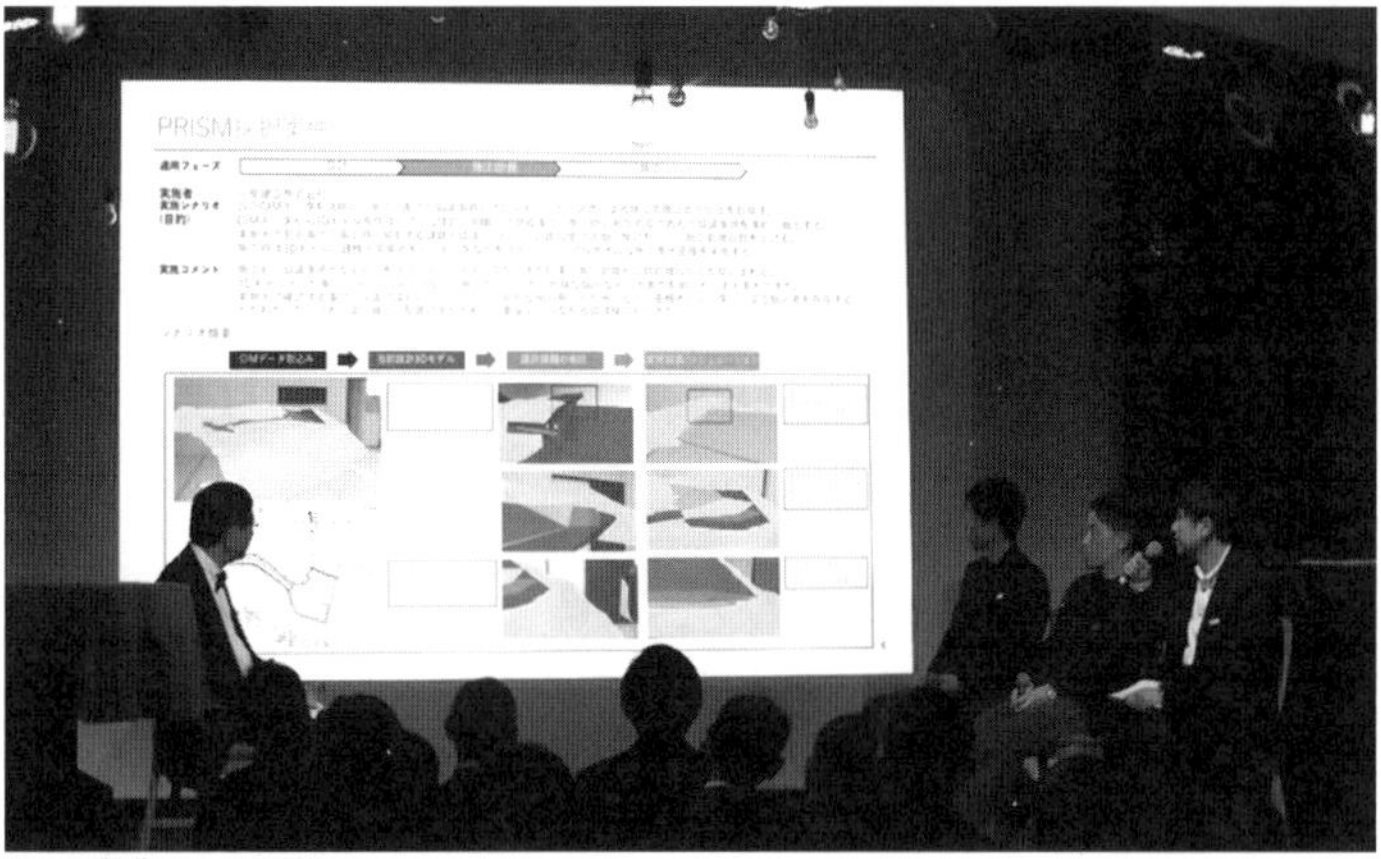
シンポジウムの様子

もともと興味がある人が集まるので、好意的な回答が多くなる傾向があるのは否めません。商談や詳しい説明を希望する人が「本気の人」だと考えました。それについては27・8％いました。かなり多いと評価していいと思います。

希望する会社のなかには「自社の業務改善につながるかどうかを検討するために他部門同席のうえ、話を聞きたい」という、すぐにでも導入につながっていきそうな企業もありました。「体験させてもらって理解が深まった。建設業界を大きく変える可能性があると感じる」という励まされるメッセージもありました。

「リアルな建設現場にどのように定着させていくのか」「どのように販路を拡大させていくのか」「エコシステムの拡張に向けた取り組みは

どうしていくのか」「xRの媒体を今後増やしていくのか」といった協業希望企業からの問い合わせメッセージもありました。今後どのように関われるかを話し合いたいという2次製品メーカーもありました。なかには、会場で参加者対応をしていた弊社の社員にすでにコンタクトを取ったという人もいたりと、販路拡大へのパートナーシップ作りに関しても、明るい兆しが見えてきました。

一方で否定的意見ではないのですが、活用シーンについてはまだ試行錯誤が必要だという意見や、ホロレンズ以外のxRデバイスに対応してほしいとの要望もありました。こうしたコメントも参考にしながら、ホロストラクションをさらに良いものにしていければと決意しました。

利用者拡大を目指しながら、新デバイスにも対応

そこで2020年1月からは、それまではトライアル運用だったアルファ版の正式運用を開始し、ホロストラクション開発プロジェクトもフェーズ8に入ることになったのです。

とはいえホロレンズもそれなりに高価な商品で、自社で何台も所有するとなるとハード

ルが高くなります。そこでホロレンズを企業にレンタルし、なおかつ使い方も教えてくれる会社とパートナーシップが組めればと考えました。手を挙げてくれたのが横河レンタリースです。今も共同でセミナーを開催しながら、共同で販路開拓をするスキームを考えています。

フェーズ８の大きなテーマは、利用者拡大を目指したベータ版の開発です。また２０１９年11月７日から法人向け販売を開始したホロレンズ２への対応も大きなテーマの一つです。

ホロレンズ２は初代ホロレンズと比較して、以下の点で改良されています。

- 装着性：初代ホロレンズは頭全体ですっぽりと被る形態で、装着時の圧迫感を強く覚えました。ホロレンズ２は装着時の不快感が大幅に軽減しました。
- 操作性：アイトラッキング機能が追加され、ホログラムの位置によって頭や体を動かす必要がなくなり、ホログラムに自然と視線を合わせながら操作できるようになりました。またセンサーが増えて、もののつかみ方の繊細な違いを感知できるようになりました。そのためキータッチの強さを感知する必要がある仮想ピアノの演奏も可能になりました。

・視野角：垂直方向の視野角が広がったことと、解像度が約2倍になったことで、より自然で詳細な画像となりました。

ホロレンズ2の登場により初代ホロレンズでは実現できなかったＵＩが実現できるようになりました。例えばタイムスライダー上には操作用のアイコンが常に表示されていて、少し違和感がありました。ホロレンズ2を使えば、手の平をかざしたときだけアイコンが出るようにすることができます。このようにより自然で直観的な操作が、ホロレンズ2を使うことで可能になるのです。

フェーズ8からは、フェーズ内をサブフェーズで区切るようになりました。２０２０年の1月から6月にかけてのフェーズ8・1では、まずホロレンズ2およびホロレンズ２のために用意されたAzure機能の検証を行いながら、ホロレンズ２に対応した機能開発に着手しました。

続くフェーズ8・2では機能開発に特化し、２０２０年12月にベータ版ステップ1をリリースしました。これに伴いアルファ版運用は終了し、ベータ版運用に入って、現在に至っています。

2021年1月からのフェーズ8・3では、ベータ版ステップ1のコア機能を改善し、タイムスライダーとドキュメントをリンクさせる機能を追加したベータ版ステップ2を2021年4月にはリリースしました。

以降しばらくはベータ版の機能アップを繰り返し、製品版をリリースする予定です。

これからのホロストラクションをどうやって普及させていくか

PRISMプロジェクトには3年連続して採択され、「小柳建設といえば、新潟の中小建設業者だが、先端的な取り組みをしている会社だ」という評価が定着しつつあるように感じます。

最新テクノロジーでイノベーションを起こし、労働人口減少を生産性向上で乗り切り、日本経済を活性化したいという国の取り組みは本気だと感じます。経済産業省が2020年3月に発行した『事例に学ぶ　稼ぐ力の鍛え方　中小製造業のデジタル技術を活用した〝稼ぐ力〟の創造に関する取組事例集及びチェックリスト』という小冊子にも私たちの事例が取り上げられました（22～25ページ、「社内の業務改革に続くデジタルビジネスで建設業の改革に挑む」）。

ここまで来られたのも、契約に至るまで紆余曲折がありましたが、契約に至ってからはマイクロソフトが本気でプロモーションに取り組んでくれたのが大きかったと思います。２０１６年のプロジェクト開始から２０１７年4月の共同記者会見までの間のスタートダッシュは、マイクロソフトの牽引力がなければどうなっていたか分かりません。もちろん私たちも本気でしたが、彼らが次々と求めてくる要望に対してくじけそうになることもありました。長距離出張の連続で体力の限界を感じたこともありました。しかし彼らも本気だということがひしひしと伝わってきて、私たちも自身に鞭打って諦めずに記者会見を乗り越えることができたのでした。

それ以降は地道に広報活動を続けてきました。ホロストラクションチームではさまざまなところにホロレンズを持って行き、デモをして少しずつホロストラクションの認知を広げていきました。国土交通省にも何度も行きましたし、県内はもちろん県外の高等学校、大学にも出かけ、10代の若者たちに建設業界はこれから変わっていくのだというメッセージを送りました。商工会議所や建設業協会、あるいはコンサルティング会社から講演の依頼があれば喜んで引き受け、ホロストラクションのデモもさせてもらっています。ニュースリリースも定期的に発行し、メディアからの取材依頼があれば積極的に対応しています。

こうした地道な活動が、「Holostruction Meetup」に150名もの本気でホロストラクションのことを知りたい参加者を集めた原動力になったのだと思います。

地道な広報活動は今ももちろん継続しており、講演などに出かけるたびにホロストラクションの知名度が高まっていることを実感しています。

ＤＸを意識したことはないが、ＤＸを進めてきたという功績

ＤＸという言葉がここ数年ブームになっており、まだ数年は流行りそうです。私たちの取り組み、特にホロストラクションについてはＤＸの事例として取り上げられることが多いのです。

本書もＤＸをテーマとした本です。しかしＤＸという言葉はここまでほとんど使われていません。では煽りのタイトルかというとそうではありません。本書にはいわゆるＤＸを

推進するためのヒントが数多く載っていると考えています。

というのは、私たちが取り組んできたことは世間でいうＤＸだと、やはり思うからです。ではなぜＤＸという言葉がほとんど出てこないのかというと、私たち自身が普段ＤＸという言葉をほとんど使わないからなのです。

講演を依頼してくる相手からＤＸ推進について話をしてくれと頼まれたら、その際には「ＤＸ」という言葉を使わざるを得ません。しかし例えば社員などと普段話をするときにＤＸという言葉は、私も彼らもまず使いません。基幹システム、クラウド、ホロストラクションなどといった具体的な言葉を使うだけです。

これはＤＸ推進で成功している会社の多くが言うことと似ています。彼らは口をそろえて、「ＤＸに取り組み始める前はスローガンとして『ＤＸ』という言葉をよく使っていたが、具体的な案件が出てきたら、その案件名を使うようになって、ＤＸという言葉はほとんど使わなくなった」と言います。私たちは、そもそもＤＸという言葉があまり一般的でなかった２０１６年からホロストラクションに取り組んできましたから、ＤＸという言葉自身に実は馴染みがないのです。基幹システムのクラウド化もホロストラクションも私たちには、従来のＩＴ化、あるいはＩＣＴ化という言葉のほうがしっくりきます。

しかしＤＸがデジタルを活用して経営やビジネスをより良いものに改革していく行為だとすれば、私たちが基幹システムの刷新以来、いやもっといえばアメーバ経営の導入に取り組んで以来のあらゆる取り組みがＤＸだったといっていいと私は確信します。

例えばＤＸにはデジタルを活用したコミュニケーションの改革といった側面があるかと思います。しかしいくら最新のデジタルテクノロジーを導入しても、そもそも部署間や個人間で情報を隠し合うような文化があれば、そのテクノロジーはまったく力を発揮できません。先にガラス張りで情報を公開し合う文化を作る必要があるということです。私たちはアメーバ経営を導入することで、まずガラス張りの文化を作りました。そしてそのガラス張りの文化のなかで業務をより効率的にするために基幹システムをフルクラウド化し、アプリケーションを刷新しました。さらに高度なコミュニケーションを求めてホロストラクションに取り組みました――この順番だったからこそ、私たちはいわゆるＤＸを達成できたわけで、いきなりホロストラクションに取り組んでいても、数カ月で挫折していたはずです。

要するにＤＸを達成するためには順序があるということです。これがＤＸ推進における最大のポイントだと考えます。

その順番に従えば、まずは経営文化を作り上げることが必須です。私たちの会社にとってはアメーバ経営が経営文化です。アメーバ経営は単なる経営手法ではなく、フィロソフィがまずなければ成り立たないし、それが必ずしもアメーバ経営である必要はありませんが、まずは文化を作ることが肝要です。

次に、その経営文化を効率化するためのICT基盤を作ることです。私たちの会社では、基幹システムのフルクラウド化とそれに伴うアプリケーション刷新がこれに当たります。いわゆるDXの取り組みは基盤ができてからです。

私がホロレンズと出会ったのは、フルクラウド化が完了した直後でした。これは今振り返ると本当に恵まれたタイミングだったと思います。その前に、最初にアメーバ経営と出会えたのが、運が良かったといえます。

しかし運が良かっただけではなかったとも思うのです。社長を継ぐなどとは考えてもいなかった時点から、私たちの会社をどうにかしたい、そのためには建設業界も変えていきたいという想いをずっともち続けてきました。「社員をもっと楽にしたい」「建設業界を若い人たちが進んで入りたがる『かっこいい』業界に変えたい」という想いは、2008年に入社して以来、ずっとぶれずに心のなかにあります。

社員を楽にしたいという願いは少しずつ叶ってきたかと思います。建設業界をかっこいい業界に変えたいというのは道半ばではありますが、ホロストラクションが普及することでそうなるという希望をもてるようになりました。

オープンイノベーションがＤＸ実現の鍵

ＤＸには順番が大切と書きました。もう1つ重要なことがあります。それは、オープンイノベーションがＤＸ実現の鍵であるということです。

私たちがここまで来るには、まず盛和塾と稲盛さんにお世話になりました。イノベーションといえるかは分かりませんが、盛和塾が稲盛さんおよび盛和塾メンバーの経営哲学や手法をオープンに伝えてくれる場であるのは間違いありません。

マイクロソフトも契約のあることとはいえ親身に技術協力をしてくれました。Chatwork創業者（現：SEVEN）の山本さんにもビジネスチャットという新しいコミュニケーションツールを教えてもらっただけでなく、人を集める力についても教わりました。

これらのことは「オープンイノベーション」とはいえないでしょうが、根本的な姿勢としてオープンなマインドをもつことが重要だと思うのです。

現実的な流れとして、お互いの技術や知見をもち寄って、1社で提供できる価値よりももっと高い価値を提供していかないと生き残れない時代になってきています。常に挑戦し続けている企業それぞれが力を合わせて社会の課題を解決していく——それこそがオープンイノベーションの本質でしょうし、その輪に入っていけない企業は取り残されるだけです。建設業界の多くの企業がそのことに気づいてほしいと願います。建設業では、覇権争いをしたがってしまいます。どっちが上だ下だというマウントの取り合いの思想が残っています。それも年配の経営者が多いことによる弊害であるのは間違いありません。

DXの成功事例を見ていても、オープンイノベーションは一つのキーワードになっています。日本の大企業でいえば、海外のスタートアップと対等に技術協力できる企業が成功しています。「うちはお金を出すから、技術だけ売ってよ」という会社はうまくいっていません。オープンイノベーションを重要視する所以です。

建設業界にとってこんなに面白い時代はない

もう何年も前から変化の時代といわれてきました。私が中学生の頃にWindows 95が登場してパソコンが身近なものになり、ほぼ同時にインターネットが普及し始めました。それ以前のことはよく分かりませんが、それ以来ずっと変化・変革の時代といわれ続けてきたように感じます。

その後、２０００年代の後半にスマートフォンとクラウドが普及し始めて、さらに変化が加速しました。そして２０１０年代の半ばにＡＩ（人工知能）の普及が始まり、ますます加速しているように思います。私たちが取り組んでいるｘＲ技術も、これからはＡＩや５Ｇといった技術と関連し合って、すさまじい変革を引き起こしていくはずです。

建設業界も広く見渡せば、価値観の変化の芽が出てきています。施工管理にスマホのアプリを活用している人たちが珍しくなくなってきました。建設業界のＤＸに関しても、建設機械の世界ではありますが、コマツのようなトッププランナーが建設工事を大きく変えようとしています。

先駆者が信頼を得る時代になりつつあるのです。ほぼ確実に成功することに執着している姿よりも、日々挑戦し続けている姿、日々試行錯誤している努力が信頼を勝ち得るようになってきました。そしてそういう信頼が売上や利益につながるように変化してきています。

一方で言われたことをしているだけでは評価されなくなっているのも事実です。なぜなら、期待を超える成功が求められるようになってきているからです。だからこそチャレンジや先手を打つことが必要です。

そのような時代を大変と思うか、楽しいと思うかはその人次第でしょうが、私のような人間にとっては、とても楽しい時代が到来したと感じます。仕事のなかで最新テクノロジーを楽しく使って成果を出せば信頼を得られるとは、なんと幸せなことかと思います。そこに根性論の入る余地はなく、好奇心とチャレンジ精神が求められるだけなのです。

建設とは、「このようなものを人間の手で創ることができるのか」と感動を与えられるような壮大なものです。橋を架けたり、道路を作ったり、トンネルを掘ったり、治水を行ったりと本来ワクワクするものなのです。大昔、農業のために川から水を引いてきたり、大雨が降ると氾濫する川を治めたりすることは、周りの人から見ればとてもかっこいいことだったに違いありません。

建設業はかっこいいということを伝えたい。スマートに楽しく働ける業界にしたい。それが私の目指すゴールです。そして実際にホロストラクションも含めた最新のアプリケーションを日々使っていると、働き方がどんどんスマートになっていると実感します。私が嫌いな電話もメールも、ほとんど使わないで仕事も生活もできるようになりました。

建設業界は遅れているといわれています。しかしそれは裏を返せば伸びしろがたくさんあるということです。私が社長になる決心をしたときに、いったんは建設業の将来性に疑問をもちました。しかし数カ月葛藤するうちに、ちょっとIT化すればそれだけで差別化できると気づきました。私たちの会社も伸びしろだらけだったわけです。

そのような建設業者はまだまだたくさんあると感じます。だからこそ今は建設業界にとってこんなに面白い時代はないと思うのです。

小柳建設が「建設業」ではなくなる日

私は会社の規模にはこだわっていません。ただグループ全体としては大きくしたいと考えています。どういうことかというと、社内に経営者を量産して、彼らにグループ会社の社長になってほしいと考えているのです。アメーバ経営の成果として、経営者感覚をもった社員がどんどん育っています。彼らにアメーバリーダーよりさらに大きい活躍の場を与えていきたいのです。

私たちの会社は、２０４５年に創業１００年を迎えます。そのときには、小柳建設グループ全体で売上５０００億円、経常利益率10％を達成したいという目標があります。経常利益率はアメーバ経営の生みの親である稲盛和夫さんが経営するために必要とした数字です。しかし根底にはアメーバ経営を実現するためのＫＰＩは、10％の経常利益は最低限必要だという稲盛さんの信念があるのです。私はそれを理解しますので、経常利益率10％はどうしても外せない目標です。５０００億円という売上目標も経営理念の実現に基づいて設定しています。

グループを大きくしていくにあたって、新事業は既存事業と関連したものにするという原則をもちたいと考えています。かっこいいことが好きでも、いきなりアパレル業を始めてもうまくいくわけがありません。既存事業と親和性の高い、事業として連携し合える会社を次々と作っていきたいと考えます。

そうやって少しずつ事業の幅を広げていくうちに、社名は変わらなくても、気がつけば建設ではなくＩＴが主要な事業の会社に変わっているかもしれません。それはそれでかまわないと考えていますが、フィロソフィだけは変えてはいけないと思っています。フィロソフィとは、創業の理念から始まり、社是、経営理念、使命感など企業経営するうえで存在意義ともいえるMission、判断基準、Visionとなるものです。どのような時代、どのような事業に携わることになっても、会社の根本となる考え方は変えてはならないと思うのです。私は昭和よりももっと古くからある「道」というものを日本の良い伝統だと考えています。書道、華道、武士道などにおける道です。経営にも経営道というものがあるはずです。それは稲盛さんが体現しているものなのかもしれません。私は稲盛さんに大きな影響を受けていますが、私なりの経営道というものを模索しています。その模索には終わりはありません。

経営道の模索だけではありません。経営とはそもそも「ゴーイング・コンサーン」であり、それ自体終わりのないものです。そしてただ存在し続けるだけではなく、フィロソフィを実現するために歩み続けることが真の経営ではないかと思うのです。

日本の中小企業が海外で活躍する時代へ

会社の規模にはこだわりのない私ですが、海外には広く展開していきたいと考えています。それは日本企業、特に中小企業が海外で貢献できることがたくさんあると思うからです。例えば私たちの会社の主要事業の一つである浚渫工事に関する問い合わせが、ベトナムや中国などから来ています。川の水をきれいにしたいという思いは、中国人でもベトナム人でも共通なのですが、彼らにはその技術がないのです。

そこで私は、「世界の水を美しくする」というテーマで世界中にパートナー企業の輪を広げていきたいと考えています。そうなれば基本的な技術レベルの高い日本の中小建設会社が海外で工事をするチャンスが生まれます。浚渫工事の技術に関しては、私たちがホロストラクションを使ってリモートでトランスファーしていけばいいと考えています。もちろん地元の企業に伝えていくことも重要ですが、技術レベルの高さでは日本の企業が世界有数であることは間違いありません。だから現地の人たちに対しては、基本的な技術も含めて日本企業の人たちが伝えていくほうが早道ではないかと考えています。

海外視察でベトナムの首都ハノイには何回も訪問しています。私はまだ40代ですが、ベトナムの社会インフラは、話に聞く50年前の日本とそっくりだと感じました。１９７０年といえば、公害が大きな社会問題になっていたと聞きます。

日本ではゴミ収集車が定期的に来るのが当たり前で、ほとんどの人がありがたみを感じていないと思います。しかしベトナムではハノイのような都会でもごく一部の地域にしか収集車が来ません。そうなるとみんなゴミを川に流すのです。当然川は汚れます。その水を飲んだ家畜がたくさん死んでいます。川の表面にもプカプカとゴミが浮かんでいますが、底には大変な量のゴミが蓄積されています。それを「小柳建設の技術できれいにしてくれ」ということで、ベトナムから問い合わせが来ているというわけです。

もちろん工事は可能です。しかしゴミを川に流すという文化が変わらない限り、何度も同じことを繰り返すだけのことです。川はいつまで経ってもきれいになりません。それで現在は浚渫工事を請け負うことをやめています。

日本人、特に若い人は、川にゴミを流すなんてどういう人たちだと思うかもしれません。しかし１９７０年頃には日本でも同じようなことが行われていたのです。どの川も人口の多い河口付近はドブのようだったそうです。悪臭が漂い、魚が死滅した川もありました。

それどころか、１９７０年代より少し昔には海や川に有害物質を流していた企業もあります。それが水俣病やイタイイタイ病といった公害病の原因となり、多くの人を苦しめたのです。大気に有害物質をまき散らす会社もあり、各地で喘息の原因となりました。

また身近なところでも、ちょっと前まではバイクでノーヘルなんてことは当たり前でしたし、タバコのポイ捨てもまともな大人が普通に行っていました。今ではあり得ないようなことが、そんなに遠くない昔には平然と行われていたのです。

ところが日本人は努力して、公害を少しずつなくし、川も海も空気も見違えるようにきれいになりました。今でも捨ててはいけないところにゴミを捨てる人はいますが、一般の人から見たら、もはやそのような人たちは犯罪者という感覚です。つまりみんなのものである川や海や空気や道路などにものを捨てない、それればかりか地域の人できれいにするということは日本の文化として定着したのだといえます。

その文化を海外に輸出していくことが私は大切だと思います。その担い手として日本の中小企業が活躍できればというのが私の考えていることなのです。浚渫に関していえば、日本全国でパートナー企業を増やしていく努力をしています。日本浚渫・空気圧送協会という一般社団法人でもリーダーシップを取って、私たちの技術を展開しています。

このような取り組みをもっと拡大していき、1つでも多くの建設会社を残していきたいと考えます。プロローグでも述べたように、大規模な災害があったときに真っ先に現地に駆けつけるのは建設会社だからです。地方の建設会社がなくなってしまったら、地元の人を守ることができなくなります。それでは建設会社の存在意義の半分は失われると私は思うのです。

地方の建設会社同士がテクノロジーでつながって、オープンイノベーションでそれぞれの会社の価値を高めていけば、日本の建設業は強くなれるはずです。そして志をもった若い人たちが目指す業種にもなれるはずなのです。

私たちはそう信じて、これからもホロストラクションを改良していきますし、それを超える新しいイノベーションを起こし続けていくべく取り組んでいきます。

エピローグ

2008年に入社したときから、社屋を新しくしたいという思いが芽生えていました。当時の社屋はお世辞にも立派なものとはいえませんでした。創業者が初めて手に入れた平屋の社屋で、築70年になっていました。ニット工場を改装したものでした。300人程度の従業員数でも手狭で、すでに老朽化していました。私は当時採用も担当していましたので、この社屋で若い人たちを引きつけるのは難しいなと正直思いました。

創業者や先代の時代まではそれでもよかったのです。「建設業は現場で稼ぐもの。事務所に金をかけてどうする」という考え方が昔はありました。顧客は、社屋を見て注文するわけではありません。その建設会社が作ったものを見て、これなら大丈夫だろうと思うわけです。新入社員のなかにも「あの工事をした小柳建設なら働きがいもあるだろう」と思って入社した人もいたはずです。

顧客に関しては今も同様かもしれません。ただ新入社員については、特に若い人にとっては社屋も立派な「会社の選定条件の一つ」という時代になったといえます。規模も条件も似たような会社なら、オフィスが快適なほうが良いに決まっています。

社屋の見栄えで会社を選ぶような若者なら要らないという考え方もあるかもしれませんが、私は時代遅れだと考えます。どうせなら快適なオフィスで効率良く、気持ち良く働きたいというほうが健全です。私自身、もっとみんなが楽に働けるようにしたいという気持ちがずっとありましたので、老朽化した社屋ではそれは叶わないと考えていました。

事業継続の観点からも当時の社屋は問題がありました。近所に流れる信濃川の支流・加茂川は、大雨があるとたびたび氾濫し、平屋であった旧社屋は加茂川の河川改修前に人間の身長を超えるような浸水を2、3度経験しています。浸水の結果、躯体がすでにボロボロになっていました。また社員が増えるたびに、増築に増築を重ねていました。しかしせっかく新しく建てるのであれば、地域貢献もしたいと同時に考えました。本店には100人ぐらいの社員が入ります。地方のことですから、毎日100人の社員が昼食を食べに出かけるだけでもその地域は潤うと考えたのです。そう思って市街地に良い場所がないか探したのですが、さすがに広い土地は見当たりませんでした。

だったらいっそのこと私たちの社屋をまず作り、その周囲の街作りに貢献すればよいのではと考えたのです。私はとてもワクワクした気持ちになり、さっそく会長に相談しました。会長が快諾してくれたので、社屋を建て替える計画に着手したのでした。

新社屋では自席にこだわらずいちばんパフォーマンスが出せる場所で働けることと、みんなですぐに集まってミーティングができることにこだわりました。社内では、服装もパフォーマンスが発揮できる服装でよいということにしました。基本的にはアメーバ経営の実践に最も向くオフィスやルールにしています。

フリーアドレスに関しては、実はフルクラウド化の取り組みと並行して、2016年から実施していたのでした。このときに私が感じたのは、「日本人って、自分の席があるということにこだわるのだなあ」ということです。年齢に関係なく、ほとんどの社員が自分の席を欲しがったのでした。

そこで半ば強制する形でルール化しました。「今日やるべき仕事をまず決めて、それから誰の近くで仕事をするのが効率的かを考えよう」などと私のほうからハッパをかけるのですが、なかなか理解が進まなくて苦労しました。

有線ＬＡＮだとパソコンを移動する際に、毎回接続するのが面倒かと思い、無線ＬＡＮに切り替えたりもしました。本社は、管理部門と営業だけにし、他の部門はいくつかの営業所に分散しました。そうなると本社部門の社員でも営業所で仕事をしたくなるケースが出てきます。そのようなときには、営業所に直行・直帰でもかまわないことにしました。

このように少しずつ、社員にとってフリーアドレスとは便利なものだということを啓蒙し、環境を整えながら、定着させていったのでした。そのおかげで今となっては、フリーアドレスは当たり前になりましたし、新社屋になってからは、それこそみんな好きな場所で、好きに働くようになったのです。

新社屋完成前ですが、２０２０年から始まったコロナ禍においても、フリーアドレスに慣れていたこととフルクラウド化されていたことに大いに助けられました。社員にはリモートワークへの違和感がほとんどありませんでしたし、会社側としてもリモートワークのための環境構築のコストがほとんど必要なかったからです。ホロストラクションもコロナ禍で大活躍しています。

新社屋を建てるときにこだわったことの一つが、移転先の地域に溶け込むということでした。地方でよくあることが、新しく進出してきた企業が社屋を建てるときに、地域からよそ者扱いされることです。地方だと通勤は自動車が中心になります。そうすると社員のために駐車場を用意することになりますが、これまでの設計では駐車場の奥に社屋を建てるというパターンが多かったのでした。これだと住民からは社内の様子が見えないので、「新しい会社が引っ越してきたが、何をしている会社なのかさっぱり分からん」ということになりがちなのです。そこで私たちは、道路からすぐ見えるところに社屋を建てたのでした。外装もできるだけガラス張りにして、外から社員の様子が見えるように配慮しました。

これは、地方に進出する企業が社屋を建設するときのモデルケースにもなるはずです。地方進出を計画する企業に、今後積極的に提案していきたいと考えています。

ただプロローグで述べた、災害対応の苦労はまだ残っています。しかしホロストラクションで解決できた部分もすでにありますし、熟練の技術が必要な作業も除雪機械の運転も、そう遠くない将来にＡＩなどの最新テクノロジーに置き換わるのではないかと考えています。

なにしろ私がホロレンズと出会った5年前でさえも、現在ホロストラクションで実現できていることは、もっと未来のことだろうと思っていたのです。

おわりに

当時、弱冠27歳だった私が業界を変えたいというのは僭越だったかもしれません。しかし切実でした。業界以前に私たちの会社自体がなくなってしまうかもしれないという危機感もありましたし、建設業界という世の中にとって本当に必要な業界がなくなってしまうかもしれないことに対しては耐えられない思いがありました。

もちろんまだ日本の建設業界の危機が消え去ったわけではありません。ホロストラクションは仄かな希望の一つに過ぎず、業界全体で数多くのイノベーションを起こしていかなければ、やがてジリ貧になっていってしまいます。そうしたことから、DXだけでなく私は建設業界のビジネスモデルをも変革させることを考えています。が、その話はまた別の機会にしたいと思います。

私が本書で最も示したかったことは、地方の一企業であっても最新テクノロジーを活用した変革は可能なのだということです。私たちの会社には、卓越した頭脳がいたわけでも、ITやデジタルに詳しい人財がいたわけでも、カリスマリーダーがいたわけでもありません。建設技術に関してはいささかの自負はありますが、ごく普通の人間たちが集まって、世間でいわれるＤＸを成し遂げたのです。私にしても卓越したリーダーといえるような経営者ではないと謙遜でなく思っています。

むしろマイナスからのスタートでした。経営管理がない、ＩＴがない、セキュリティがない、情報共有がない――ないない尽くしから、一つひとつ少しずつ根気よく、時には思い切り良く進めた結果、私が入社してから13年、社長になってから7年で大きな成果が得られたのでした。

大切なことは順番を間違えないことと、ぶれずに思い続けることだと思います。順番については本文で述べました。ぶれずに思い続けるという意味では、本書執筆に当たって過去を時系列で振り返る機会を得ましたが、自分は頑固としか言いようがない人間だと改めて思った次第です。

ただ間違ったことを思い続けていても仕方ありません。私が幸運だったのは、経営について学びたいと思っていた時期に、いち早くアメーバ経営を知ることができたことです。稲盛さんがアメーバ経営を創り、そしてご指導をいただく場を作ってくれていなければ、私たちの会社がここまで変化することはなく、ホロストラクションもこの世になかったと思います。ほかの会社が同じような製品を作ってくれたかもしれませんが、それはおそらくＩＴ企業で、建設会社にとっては使いにくいものだったかもしれません。ですから、まずは元盛和塾塾長の稲盛和夫様にご指導ご鞭撻を賜りましたこと、心より御礼申し上げ、感謝の意を表します。同時に、２０１６年当時日本マイクロソフト株式会社社長であった平野拓也様含む従業員およびＯＢＯＧの皆さま、日本マイクロソフトとのご縁をいただいた株式会社ティーケーネットサービス代表取締役の武田勇人様、変革の火種を作ってくれたChatwork創業者（現：SEVEN）の山本敏行様、そしてなによりホロストラクションプロジェクトを懸命に牽引する小柳建設株式会社ＣＯＯ中靜真吾、ＣＳＯ澁谷高幸、ＣＩＯ和田博司を含め、協力してくれている全従業員にも改めてこの場を借りて深く御礼申し上げます。

私たちの会社でもできたのですから、強い想いと大きな志さえあれば、本書を読んでいるあなたの会社でもできるはずです。私はそのような会社と連携し、建設業界を変えていきたいと強く願っています。また建設業界だけに限りません。ほかの業界の方々ともつながっていきたいと考えています。同じ想い、同じ志をもつ方は、ぜひメッセージをいただきたくお願いします。

最後に若い方々に申し上げたいと思います。本書を読んでいるということはＤＸに関心をもち、今後先端的な仕事をしていきたいと考えている方だと思います。企業選びの参考にしている方もいるかもしれません。もしそうであれば、給与とか福利厚生とか名前が知られているとかそういう判断基準で企業を選ばないことをお勧めします。その会社にフィロソフィがあり、そのフィロソフィに基づいて事業をしているか、そしてそのフィロソフィに共感できるかで選ぶべきです。

仕事は、一人のチカラで成し遂げられることは非常に少ないのです。会社全体や企業間連携、人と人との連携、つまりチームで成果を出すことが不可欠です。チームで達成する、あるいは会社全体で達成する時代です。そうなると最も大切なことは、そのチームにいて居心地がいいか、その会社にいて物心ともに満足できるかということなのです。フィロソフィに共感できない会社ではそのような居心地や満足は得られません。そもそもフィロソフィをもたない会社は論外ということになります。

では、その会社に共感できるかどうかはホームページを見れば分かるかというと、それだけでは判断できないと思います。ぜひインターンシップを活用してください。その際には社員と話をしてみてください。会社の実情は、社員から必ずにじみ出てきます。

一度しかない人生です。ぜひ後悔しない会社選びをしてほしいと思います。転職は何回もできますが、会社のフィロソフィに共感できるかどうかを基準にすることで、就職・転職するあなた自身も、そしてその会社も幸福になれるのです。

読者の皆さまが、やりがいのある仕事を通して、人生を価値のあるものにしながら、周囲の人々も幸福にして行けるような働き方ができることを祈念いたしております。

小柳卓蔵（おやなぎ・たくぞう）
1981年新潟県生まれ。金融会社に勤務していたが、祖父の代から続き父が経営する小柳建設に2008年に入社し、管理部門、総務・人事部門などを担当。常務、専務を経て2014年６月社長に就任。
京セラ創業者である稲盛和夫氏の著書『アメーバ経営』を読み、同氏の主宰する塾に参加、同氏のフィロソフィを会社に浸透させて盤石な基礎を築き、伝統を重んじる建設業界にあって、DXを推進。
2016年日本マイクロソフトと共同でMicrosoft HoloLensを活用し、建設業における計画・工事・検査の効率化やアフターメンテナンスのトレーサビリティを可視化する「Holostruction」のプロジェクトをスタートさせた。

本書についての
ご意見・ご感想はコチラ

建設業界 DX革命

2021年10月28日第1刷発行

著　者　小柳卓蔵
発行人　久保田貴幸

発行元　株式会社 幻冬舎メディアコンサルティング
〒151-0051　東京都渋谷区千駄ヶ谷4-9-7
電話　03-5411-6440（編集）

発売元　株式会社 幻冬舎
〒151-0051　東京都渋谷区千駄ヶ谷4-9-7
電話　03-5411-6222（営業）

印刷・製本　瞬報社写真印刷株式会社
装　丁　秋庭祐貴

検印廃止

ISBN 978-4-344-93449-8 C0034
幻冬舎メディアコンサルティングHP
http://www.gentosha-mc.com/